紙を使わないアンケート調査入門
−卒業論文，高校生にも使える−

豊田 秀樹　編著

東京図書

Google は Google.inc の米国およびその他の国における登録商標または商標です.

|R| 〈日本複製権センター委託出版物〉
本書 (誌) を無断で複写複製 (コピー) することは,著作権法上の例外を除き,禁じられています. 本書 (誌) をコピーされる場合は,事前に日本複製権センター (電話:03-3401-2382) の許諾を受けてください.

まえがき

　この本では，Google フォームを利用してウェブ上でアンケート調査を実施し，統計解析環境 R を用いてアンケートデータを分析する方法を解説します。どちらも無料で利用できるツールです。読者対象としては，アンケート調査をする必要に迫られた大学生，数学 I の「データの分析」を学習した高校生，高等学校の数学の先生，大学で入門的な統計学の授業をしている先生です。

卒業論文の執筆を控えた大学生のきみへ

　これまでアンケート調査（質問紙調査）で卒業論文を書こうとすると，(1) 調査票を印刷し，(2) 調査票を配布し，(3) 調査票を回収し，(4) データを入力し，(5) 調査票を注意深く保管・廃棄する必要がありました。しかしウェブ上でアンケート調査を実施すると，これらの労力は大幅に省略，または軽減でき，調査の本質的・知的作業に時間や労力を集中できます。(1) 紙媒体の調査票を印刷する必要がありません。費用・森林資源を節約できます。アンケート実施のギリギリまで調査票を推敲できます。(2) 調査票を配布する必要がありません。メール等で URL を通知し，回答を依頼できます。(3) 調査票を回収する必要がありません。遠方・海外に住んでいる人にも回答してもらえます。(4) 調査票を見て，PC へデータを入力する必要がありません。楽だし，転記ミスがなくなります。(5) 紙媒体の調査票を保管・廃棄する必要はありません。

　調査が終了したら，集計・分析をします。ウェブ上には無料の解析ツールもありますが，この本では 2 つの理由から統計解析環境 R を使ってアンケート調査のデータを手元の PC で分析します。1 つは，ウェブ上の解析ツールより R は圧倒的に高機能だからです。もう 1 つは，仮に匿名であっても，調査データをいつまでもウェブ上に置くべきでないからです。収集後は，速やかにウェブからデータを切り離し，流出しないように責任をもって管理してください。

高校生なのにこの本を手に取ったきみへ

　この本には数学 I「データの分析」で習った内容を元にして，アンケート調査を行う方法が書いてあります。仲間の意見のとりまとめや，クラス選挙や，自由研究などに利用してください。高校数学 I「データの分析」の学習内容は，第 5 章と第 6 章の前半に書かれています。第 5 章では，1 変量の分析が説明されます。この章の学習内容はすべて「データの分析」で習った内容です。第 6 章では，2 変量の分析が説明されます。この章では相関関係が中心に解説されます。しかしここでは

標準化という「データの分析」では習わない知識が付加されます。アンケートの結果を解釈するためには必要な知識ですから，ぜひ，理解してください。またクラメールの連関係数・残差分析という高校数学では習わない内容も登場します。こちらは数理的なしくみを理解する必要はありません。アンケート調査はとっても楽しいですよ。

　第 7 章，第 8 章の内容も数理的なしくみを理解する必要はありません。たとえば，みなさんが日常的に使っている PC や冷蔵庫やテレビの原理はとても複雑で，そのしくみを完全に理解することは困難です。でも使い方が分かればとても便利です。「冷蔵庫はどうやって食べ物を冷やすだろう」という冷却原理が分からなくても冷蔵庫は普通に使えます。アンケート解析技法もそれと同じです。必ずしも原理は分からなくてもいいのです。道具としてどのように使うのか，どのように結果を読み取るのかだけに注意して，これらの技法の使い方をマスターしてください。

高等学校で数学の授業をなさっている先生へ

　数学 I を構成する章の中で「データの分析」は，「数と式」「2 次関数」「図形と計量」「集合と論証」など他の章と比較して異質です。「データの分析」はマイナーであるとの印象を持たれることもありますが，それは間違った印象です。なぜなら高等学校を卒業したのち，2 次関数や図形や集合の知識は，必ずしも必須の知識ではないからです。はっきり言ってしまえば，それらと全く関係のない人生というものを容易に想像できます。それに対して「データの分析」は，内閣支持率・選挙予測・世論調査・視聴率調査などの理解に深く関係します。「データの分析」は抽象的な数学ではありません。世論へのアンテナとして，日常生活とは切っても切れない実用的な学習内容なのです。

　「データの分析」はアンケート調査を実習することによって，小学校における総合学習にも似た知的な体験を提供してくれます。質問文作成の奥深さは文章力を鍛える国語のよい学習となります。アンケートのテーマとして時事問題の賛否を問えば生きた社会科の勉強になります。アンケートが成功するか失敗に終わるかの首尾は，理科実験に通じる企画実行の体験になります。これまでの数学とは根本的に異なっています。この本を利用し，ぜひ，教室の中でアンケート調査の実習をしてください。

大学で統計学の講義をなさっている先生へ

　現在，高校生は数学 I「データの分析」の中で以下の知識[†1]を学んでいます。

[†1] 平成 23 年 3 月 9 日に新高等学校学習指導要領による検定済の数学 I の教科書 301, 302, 303（東京書籍），304, 305, 306（実教出版），307（啓林館），312, 313（数研出版），315（第一学習社）の 10 冊を参照しました。

> 度数分布表（離散変量・連続変量・度数・相対度数・階級値・階級幅・外れ値・5数要約・度数分布多角形・累積相対度数・単峰性・多峰性），代表値（平均値・調和平均・相乗平均・中央値・最頻値・仮平均・最大値・最小値・偏り（歪み）・抵抗性），散布度（分散・標準偏差・四分位数・四分位偏差・四分位範囲・パーセント点・偏差・偏差平方和・範囲），グラフ（ヒストグラム・箱ひげ図・散布図），2変量の関係（相関表・正の相関・負の相関・共分散・相関係数）

2012年度（平成24年度）から実施されている新高等学校学習指導要領による教育を受けた高校生は，2015年4月以降に大学に入学します。「データの分析」が数学の科目の中で最も履修者の多い「数学 I」に置かれていることの意味は重大です。なぜなら「データの分析」の学習内容は，2014年までの大学における入門的な統計学の授業の最初の3,4か月の学習内容と完全にかぶっているからです。

理解している学生に，同じ内容を講義したら退屈し，失望されるでしょう。でも「データの分析」の理解度は学生によってまちまちです。だから一律に相関係数までは既知として授業を始めることもためらわれます。でも，少なくとも，これまでとまったく同じ内容の授業が許されないことだけは確かです。

1つの提案ですが，授業の開始時期に学生にウェブでアンケートを受けてもらい，そのデータを教材として利用し，いくぶん駆け足で具体的に講義をするのはどうでしょうか。自分達の回答で「データの分析」の内容を講義（高校の復習）されれば，退屈しないどころか，それらは生きた知識として定着します。同級生のことを知ることができる授業に興味を持たない学生はいません。このため理解度の怪しい学生の学習意欲だって，きっと呼び起こすことができるでしょう。

インターネットはとても便利です。高機能で，しかも無料のサービスが充実しています。でも世の中には「都合がいいだけの話」はありません。光りあるところには陰があります。インターネットを使って調査するときには，その陰の部分をしっかりと理解しなくてはいけません。調査を実施する際に気を付けなければいけないことは，回答者の個人情報を保護し，プライバシーの尊重することです。そのための原則は，以下の2つです。

無記名の原則 無記名で調査をします。調査データを最初から個人情報にしないということです。個人ではなく属性として理解するのが調査の基本です。

削除の原則 調査が終了したら手元のPCにデータをコピーし，ウェブ上のファイルを速やかに削除します。分析チームの誰かが誤って（たとえば共有関係を誤指定して）調査データをネッ

トに拡散させてしまうことを防ぎます。

ただし好きな食べ物，タレント，休日の過ごし方や文化祭の出し物に対する希望など，比較的おおらかに質問できる調査内容もあるでしょう。この場合は無記名の原則を緩め，学生番号や出席番号を問う質問を加えてもよいかもしれません。それに対して思想信条・資産状況・身体や精神の障害に関する調査などは，細心の注意を払って無記名の原則を守り，匿名性を担保しなくてはなりません。

同一の回答者から継時的に回答してもらいたい，授業内での調査実習などで提出を確認したいなど，回答者を特定したいときもあります。この場合は，学生番号や出席番号のような公的なIDではなく，その調査だけに通用するIDを作り，回答者にその一時的なIDを記入してもらうとよいでしょう。

削除の原則を守るためには，手元のPCでローカルに調査データを集計しなければなりません。ウェブ上のスプレッドシートではなく，分析ツールとしてこの本でRを解説した主要な理由の1つは削除の原則を守るためです。無記名の原則と削除の原則を守ることにより，個人情報を保護し，プライバシーを尊重しながらインターネット調査を実施することが可能です。しかし残念ながら絶対安全ということではありません。

編者には，あるグルメサイトを利用しているときに，システムから突然「あなたは東京都＊＊区＊＊町にいますか。はい，いいえ。」という質問をされた経験があります。そのサイトに住所を知らせていないのに，だいたい正しい居場所を指摘されたのでとても驚かされました。ウェブの閲覧は1回1回が独立したものなのではなく，ログイン中の足跡は継続した同一人物の行動として把握される可能性があります。当時，自宅の周辺のスポット天気予報を，同じIDのサイトで毎日確認していました。もしかしたら自宅住所をそこから類推されたのかもしれません。グルメ情報の提供システムとしては，自宅近くのお店を推薦しようと，親切心で気を利かせてくれたのでしょうが，あまり気分の良いものではありませんでした。このようにIDを対応させて，複数のデータベースの情報を相互に関連づけることを紐付け（ひもづけ）といいます。

調査フォーム回答と，回答時にログインしているサイトでの足跡は紐付けられてしまうことが技術的には可能です。たとえばメールサービスのサイトにログインしたままだと，サーバーにメールの平文がありますから，無記名調査でも回答時の足跡と個人情報とは紐付け可能です。したがって無記名の原則は完全ではありません。ただしこれは飽くまでも技術的には紐付け可能であるということであり，このような目的外使用は違法行為です。

メールサービス・ツイッター・ライン・ブログ・その他の投稿サイトには，テキスト・画像・音

声・圧縮ファイルなどさまざまなコンテンツがアップされます。アップした本人は，それらが自分の所有物であると信じ，必要なくなったら削除します。日常生活の感覚では，自分の持ち物をゴミ箱に捨てたという認識です。しかし，削除したはずのコンテンツは，もしかしたら非表示になっているだけかもしれません。サイトから本当に削除されているか否かは，サーバーの管理者にしか分かりません。コンテンツを本当に削除できるのはサーバーの管理者だけです。コンテンツをウェブ上に置くということは，そういうことなのだと理解してください。したがって削除の原則を守っていても，サーバー内で非表示になっていた調査データが，悪意のあるハッカーによって違法に流出する可能性はあります。

　したがって残念ながら，無記名の原則と削除の原則を組み合わせても，犯罪的な悪意からは絶対に安全であるとは言えません。しかし犯罪的悪意から絶対安全な状態など，なかなか望めるものではありません。よくよく考えてみると，メールサイトを利用すること自体，直接的な平文が有するプライバシーをサーバーの管理者に委ねているのです。これは相当に怖いことですが，私たちはそういう世界で既に生活しています。メールを利用することと比較すると，無記名のインターネット調査のリスクは相当に間接的です。インターネットをはじめとするネットワークには危険もあります。しかしそこから，ただ逃げているばかりでは，これからの世の中で生きてはいけません。ネットワーク社会における個人情報の保護・プライバシーの尊重の教材として，インターネット調査実習を適切に活用すれば大きな教育効果が期待できます。高校の先生，卒業論文指導の先生におかれては，その大きな可能性を活用していただけたらと願うばかりです。

2015 年 3 月 26 日

豊田秀樹

著者紹介 (2015年4月現在)

■ 編著者
豊田秀樹　　早稲田大学文学学術院教授

■ 執筆者
久保沙織　　早稲田大学グローバルエデュケーションセンター
　　　　　　（第1章・第2章・第8章）

秋山　隆　　早稲田大学文学学術院
　　　　　　（第3章・第8章）

池原一哉　　早稲田大学グローバルエデュケーションセンター
　　　　　　（第4章・第8章）

拜殿怜奈　　早稲田大学大学院文学研究科
　　　　　　（第5章・第8章）

長尾圭一郎　早稲田大学大学院文学研究科
　　　　　　（第6章・第8章）

磯部友莉恵　早稲田大学大学院文学研究科
　　　　　　（第7章・第8章）

吉上　諒　　早稲田大学文学部
　　　　　　（第8章）

●目次

第1章　調査票作成を体験しよう　1
　§1.1　フォームの例 ……………………… 1
　§1.2　Google アカウントの作成 ………… 2
　§1.3　Google ドライブにログイン ……… 3
　§1.4　新規フォームの作成 ……………… 4
　§1.5　フォーム名とフォームの説明の入力・
　　　　質問の設定 …………………………… 5
　§1.6　質問の設定 ………………………… 5
　§1.7　テーマの変更とライブフォームの表示　7
　§1.8　フォームの送信 …………………… 8
　§1.9　調査票への回答 …………………… 9
　§1.10　回答の表示 ………………………… 10

第2章　フォーム上級者への道　13
　§2.1　フォームの作成 …………………… 13
　　2.1.1　既存のフォームから新規フォームを
　　　　　作成する方法 …………………… 13
　　2.1.2　フォームの設定 ……………… 14
　　2.1.3　質問形式の種類 ………………… 15
　　2.1.4　回答者名やメールアドレスを入力さ
　　　　　せる場合 ………………………… 27
　　2.1.5　画像・動画の挿入 ……………… 27
　　2.1.6　セクションヘッダー・改ページの追
　　　　　加 ………………………………… 31
　　2.1.7　アイテムを追加 ………………… 32
　　2.1.8　作成したアイテムの編集 ……… 33
　　2.1.9　テーマの追加 …………………… 33
　§2.2　フォームの送信とその準備 ……… 34
　　2.2.1　フォームの回答先の選択 ……… 34
　　2.2.2　フォームの事前入力 …………… 37
　　2.2.3　フォームの送信 ………………… 38
　　2.2.4　フォームの共同編集 …………… 43
　§2.3　回答の確認と管理 ………………… 43

　　2.3.1　回答の削除 ……………………… 43
　　2.3.2　フォームのリンク解除 ………… 44
　　2.3.3　回答の概要表示 ………………… 45
　　2.3.4　回答受付の停止 ………………… 47

第3章　アンケート調査の企画　49
　§3.1　調査のはじまり …………………… 49
　　3.1.1　調査テーマの設定 ……………… 50
　　3.1.2　調査仮説の設定 ………………… 50
　§3.2　項目内容の収集 …………………… 52
　　3.2.1　項目形式 ………………………… 52
　　3.2.2　アンケート調査の種類 ………… 53
　　3.2.3　調査設定例:「母娘の仲良し度調査」　55
　§3.3　アンケートの構成 ………………… 56
　　3.3.1　アンケート前文 ………………… 57
　　3.3.2　項目の配列順序 ………………… 58
　§3.4　アンケート対象者への連絡 ……… 60
　　3.4.1　アンケート協力依頼文 ………… 60
　　3.4.2　リマインダー …………………… 63
　　3.4.3　調査協力へのお礼 ……………… 64
　　3.4.4　問い合わせ対応 ………………… 65
　§3.5　予備調査 …………………………… 66
　　3.5.1　予備調査の目的 ………………… 66
　　3.5.2　予備調査の確認事項 …………… 66
　§3.6　倫理・データの管理 ……………… 67
　　3.6.1　倫理的な配慮 …………………… 67
　　3.6.2　アンケート実施者が事前に提供すべ
　　　　　き情報 …………………………… 68
　　3.6.3　依頼文のチェックリスト ……… 69
　　3.6.4　プライバシー保護 ……………… 69
　§3.7　調査レポートの作成 ……………… 70
　　3.7.1　調査レポートの作成方針 ……… 70

§3.8 調査レポートの構成 ················ 72
  3.8.1 調査レポートの構成事項チェックリスト ································· 74

第4章 質問項目の作り方 75

§4.1 質問文の作成 ···················· 75
  4.1.1 平易な表現 ················ 76
  4.1.2 明確な表現 ················ 77
  4.1.3 丁寧で親しみやすい表現・簡潔な表現 ································· 78
  4.1.4 否定語の多用 ·············· 79
  4.1.5 ダブルバーレル項目 ········ 80
  4.1.6 誘導的質問 ················ 81
  4.1.7 パーソナルな質問とインパーソナルな質問 ··························· 83
  4.1.8 キャリーオーバー効果 ······ 84
  4.1.9 ろ過項目 ·················· 85
  4.1.10 事実と評価の区別 ·········· 85
  4.1.11 過去の記憶 ················ 86
  4.1.12 ステレオタイプ化された表現の利用 86
  4.1.13 仮定の質問 ················ 86
  4.1.14 回答バイアス ·············· 87
  4.1.15 選択肢に関する注意 ········ 88
  4.1.16 その他 ···················· 88
§4.2 嘘やタテマエの回答を避ける方法 ···· 89
  4.2.1 比率と平均 ················ 90
  4.2.2 ランダム回答法 ············ 92
  4.2.3 アイテムカウント法 ········ 94
  4.2.4 二重リスト法 ·············· 95
  4.2.5 Aggregated Response 法 ··· 96
  4.2.6 その他 ···················· 98

第5章 アンケートの結果を確認しよう—単純集計— 99

§5.1 統計解析環境 R ················· 99
  5.1.1 R のインストール ·········· 100
  5.1.2 R の使い方 ················ 103
§5.2 分析の準備 ····················· 108
  5.2.1 データと変数 ·············· 108
  5.2.2 データの成形 ·············· 109
§5.3 比率 ··························· 115
§5.4 データの整理 ··················· 116
  5.4.1 度数分布・ヒストグラム ···· 116
§5.5 データの代表値 ················· 118
  5.5.1 平均値 ···················· 118
  5.5.2 中央値 ···················· 120
  5.5.3 最頻値 ···················· 121
§5.6 データの散らばり ··············· 122
  5.6.1 範囲 ······················ 123
  5.6.2 四分位範囲・四分位偏差 ···· 123
  5.6.3 分散・標準偏差 ············ 124

第6章 項目間の関連を分析しよう—相関分析・クロス表の分析— 127

§6.1 相関関係 ······················· 127
  6.1.1 散布図 ···················· 128
  6.1.2 共分散 ···················· 131
  6.1.3 共分散の限界 ·············· 133
  6.1.4 標準化 ···················· 133
  6.1.5 相関係数 ·················· 136
  6.1.6 多変量散布図 ·············· 138
  6.1.7 相関係数の限界 ············ 139
§6.2 属性ごとの集計とクロス表の分析 ··· 142
  6.2.1 クロス表 ·················· 144
  6.2.2 クロス表による分析の利点 ·· 145
  6.2.3 独立と連関 ················ 145
  6.2.4 クラメールの連関係数 ······ 146
  6.2.5 残差分析 ·················· 147

第7章 分析上級者への道 151

§7.1 回帰分析 ………………………… 151
　7.1.1 フォーム ……………………… 151
　7.1.2 データ ………………………… 152
　7.1.3 分析 …………………………… 154
　7.1.4 レポートに書く際に注意すること‥ 157
§7.2 リッカート・スケール …………… 158
　7.2.1 フォーム・データ ……………… 159
　7.2.2 分析 …………………………… 160
§7.3 因子分析 ………………………… 163
　7.3.1 分析 …………………………… 164
　7.3.2 レポートに書く際に注意すること‥ 168
§7.4 SD法 …………………………… 169
　7.4.1 フォーム・データ ……………… 169
　7.4.2 分析 …………………………… 170

第8章　応用的な分析へ　　173

§8.1 MDS ……………………………… 173
　8.1.1 分析 …………………………… 175
　8.1.2 レポートに書く際に気をつけること 178
§8.2 一対比較法 ……………………… 179
　8.2.1 手法の目的 …………………… 179
　8.2.2 フォーム ……………………… 180
　8.2.3 データ ………………………… 182
　8.2.4 分析 …………………………… 182
§8.3 コレスポンデンス分析 …………… 188
　8.3.1 手法の目的 …………………… 188
　8.3.2 分析 …………………………… 190
§8.4 コンジョイント分析 ……………… 196
　8.4.1 手法の目的 …………………… 196
　8.4.2 調査票の作成 ………………… 197
　8.4.3 フォームによるデータの収集 …… 199
　8.4.4 分析 …………………………… 199
　8.4.5 レポートを書く際に注意すること‥ 204

索　引　　207

Chapter.1 調査票作成を体験しよう

　調査票を用いた調査と聞くと，政策や法案に対する支持・不支持といった社会や政治に関する世論調査のように，堅苦しい内容のものを思い浮かべる人も多いかもしれません。しかし，アンケート調査と言い換えると，途端にそれが身近なものに感じられるでしょう。思わずドキッとしてしまう異性の仕草に関するアンケート調査，お気に入りのケーキ屋さんに関するアンケート調査，血液型別のイメージ関するアンケート調査など，学術的な調査以外でも，私たちの身の回りではさまざまなテーマでアンケート調査が行われています。

　アンケート調査は，集団における意見や態度の大まかな傾向を把握したり，それらを集約したりするためにとても便利な手法です。たとえば，クラスコンパを開催するにあたって，もっとも希望者が多いお店で，かつもっとも参加者が多い日付を事前に調査する，といった目的のためにも利用することができます。

§1.1 　フォームの例

　ここでは，とある高校の3年生のクラスで，1ヶ月後に迫った文化祭におけるクラスごとの出し物を何にするか決定したい，という場面を想定してみましょう。この高校では，3年生はクラスごとに，室内での展示・アトラクション設営と，野外での模擬店の両方を行うことが恒例となっています。事前にクラス会を開いたところ，室内展示の候補として，「おばけ屋敷」，「プラネタリウム」の2つの企画が持ち

上がりました．また，模擬店で販売するメニューについては，「たこ焼き」，「クレープ」，「フランクフルト」のいずれかがよいのではないか，という意見が出ました．そこで，クラス委員長は，図1.1のような調査票を作成し，いまいちどクラスの全員の意見を取りまとめてみようと考えました．

図1.1に示したような調査票は，Googleフォームを利用すると簡単に作成することができ，メールを送るだけで回答を求めることができます．以下では，調査票の作成，および完成した調査票を送信し回答してもらうまでの手順を説明していきます．

図 1.1　フォームの例

§1.2　●Googleアカウントの作成

Googleフォームは，Google社が提供しているウェブサービスの1つであるGoogleドライブの機能の一部です．そのため，Googleフォームを利用して調査票を作成するためには，あらかじめGoogleアカウントを取得しておく必要があります．`https:`

//accounts.google.com/ServiceLogin にアクセスし，図 1.2 のページ下部にある「アカウントを作成」をクリックして，Google アカウントを作成しましょう。

図 1.2 アカウントの作成

ただし，すでに Gmail などの Google 社が提供する他のサービスを利用している場合には，Google アカウントは取得済みですので，改めてアカウントの作成を行う必要はありません。次のステップに進みましょう。

§1.3 ●Google ドライブにログイン

アカウントを既に持っている場合，あるいは Google フォームに二度目以降ログインする場合には，http://www.google.com/intl/ja/drive/ にアクセスします。図 1.3 のようなページが現れますので，ページ中央の「Google ドライブにアクセス」をクリックしてください。

図 1.3 Google ドライブにアクセス

[^1]ページ上部の「Googleアカウントでログイン」という表示が「Googleドライブに移動するにはログイン」という表示に変わっているはずです。

図 1.2 と類似したページ[^1]が表示されますので，Google アカウントとして設定したメールアドレスとパスワードを入力し，ログインしましょう。

§1.4 新規フォームの作成

Google ドライブにログインしたときの画面の一部を図 1.4 に示しました。ここで，画面左上の「新規」をクリックして「その他」にカーソルを合わせ，「Google フォーム」を選択します（図 1.5 参照）。すると，図 1.6 のような新規 Google フォームが立ち上がります。

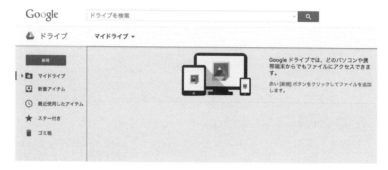

図 1.4 Google ドライブの初期画面

図 1.5 新規 Google フォームの作成

図 1.6　新規 Google フォーム（無題フォーム）

§1.5　● フォーム名とフォームの説明の入力

　まず最初に，フォーム名を設定しましょう．図 1.6 の画面最上部，あるいは左上に「1/1 ページ」と記載してあるブロックの 1 行目で「無題フォーム」と入力されている部分を編集します．ここで設定したフォーム名がそのまま調査票の題目として利用されます．

　さらに，「1/1 ページ」と記載してあるブロックの 2 行目の「フォームの説明」と表示されている部分では，調査票全体に関わる説明や注意書き等を入力することができます．

　図 1.1 に示した調査票を作成するには，フォーム名を "文化祭の出し物に関するアンケート調査" とし，「フォームの説明」として "今年の文化祭にクラスで行う出し物について，皆さんの意見を聞かせてください．" と入力します．

§1.6　● 質問の設定

　ここでは，個々の質問を設定する方法について見てみましょう．まず，「質問のタイトル」という欄に，質問文を入力します．

　次に，「質問の形式」を決定します．図 1.1 の調査票の 1 問目は，2 つの選択肢の中から 1 つを選んでもらう形式になっていました．このように，任意の複数の選択肢の中から 1 つを選ぶような質問形式の場合には，「質問の形式」のプルダウンメ

ニューから「ラジオボタン」を選択します。「クリックしてオプションを追加」という欄をクリックし，入力することで，選択肢を増やしていくことができます。すべての選択肢を設定し終えたら，図1.7左下の「完了」をクリックすると，図1.8のような表示に切り替わります。

図 **1.7** 質問の設定（ラジオボタン）

図 **1.8** 質問の設定（「完了」後）

続けて2つ目の質問を設定するために，図1.8左下の「アイテムを追加」をクリックしましょう。

図1.1の調査票において，2問目は，3つの評価対象について，5段階で意見を問う形式でした。このように，あらかじめアンケート実施者が用意した対象について，どのくらい当てはまるかを任意の段階で評定させるような場合には，「質問の形式」として「グリッド」を選択します。1問目と同様に，まずは「質問のタイトル」に質問文を入力します。

図1.9において，行のラベルでは評価対象を，列のラベルでは選択肢を設定しま

す。ここでは，「行1のラベル」…「行3のラベル」にはそれぞれ "たこ焼き", "クレープ", "フランクフルト" と入力し，「列1のラベル」…「列5のラベル」にはそれぞれ "まったくやってみたくない" から "とてもやってみたい" までを設定しました。行のラベル（対象）を増やしたいときには「クリックして行を追加」，列のラベル（選択肢）を増やしたいときには「クリックして列を追加」によって，それぞれ実行することができます。

すべての対象と選択肢を設定し終えたら，図1.9左下の「完了」をクリックしましょう。ここまでで，調査票の作成に関する本質的な行程は終了です。

図 **1.9** 質問の設定（グリッド）

§1.7 テーマの変更とライブフォームの表示

Googleフォームでは，調査票全体の見た目を好みのテイストに変更することができます。質問を設定する画面において，図1.6の上部に「質問を編集」「テーマを変更」「回答を表示」「ライブフォームを表示」といったタブが並んでいます。この中から「テーマを変更」をクリックしてみましょう。すると，図1.10のような画面に

切り替わります。

図 1.10 テーマ変更画面

　画面の右側にテーマの一覧が表示されています。「テーマを変更」というパネルをスクロールし，用意されているテーマの中から，好きなテーマをクリックし，選択しましょう[*2]。

[*2] なお，図1.1の調査票では，「ペナント バナー」というテーマを選択しています。

　テーマをクリックする度に，即座にそのテーマが反映されるため，フォームのでき上がりを簡単にイメージすることができます。図 1.6 の上部のタブから「ライブフォームを表示」をクリックすることによっても，現在作成しているフォームの全体像を把握することが可能です。フォームが複数ページにわたる場合，ライブフォームではすべてのページを確認することができます。

§1.8　●フォームの送信

[*3] この本では，アンケートへの回答をお願いする対象となる人をアンケート対象者とよび，実際に回答を行った人を回答者とよびます。

　調査票ができ上がったら，回答をお願いしたい相手[*3]にそのフォームを送信します。「質問を編集」画面の 1 番下の部分，またはウィンドウの右上にある「フォームを送信」という青いアイコンをクリックすると，図 1.11 のような画面が別ウィンドウで開きます。

　画面下半分のグレーで網掛けされている部分「メールでフォームを送信」の下の

図 **1.11**　フォームの送信

「＋名前，メールアドレス，グループを入力します」と表示されている空欄部分に，回答をお願いしたい相手のメールアドレスを入力し，画面左下の「完了」をクリックしましょう。これで，作成したフォームがメールで相手に送られます。ここでは練習のため，自分のメールアドレスを入力し，フォームを送信してみましょう。

§1.9　調査票への回答

　メールボックスに，「文化祭の出し物に関するアンケート調査」という件名のメールは届いたでしょうか。アンケート対象者へのメールでは，特に設定を変更しなければ，フォーム名がそのままメールの件名となって表示されます。

　メールの本文は図 1.12 に示した通りであり，ここから直接回答を入力して，画面下部の「送信」ボタンを押すことによって，回答の送信ができます[4]。あるいは，メール冒頭の「このフォームの閲覧や送信ができない場合は、オンラインでご記入いただけます。」という文章の"オンラインでご記入"部分に貼られているリンクをクリックすると，図 1.1 と同様のページが開きます。そこから回答を入力し，画面下部の「送信」ボタンを押すことによってもまた，回答を送信することができます。

　上述のような手順で，自分のメールアドレス宛に送信したフォームに，自ら3回，回答を送信してみましょう。

[4] ただし，フォームが複数ページにわたる場合には，2ページ目以降は自動的にオンライン上での回答になります。

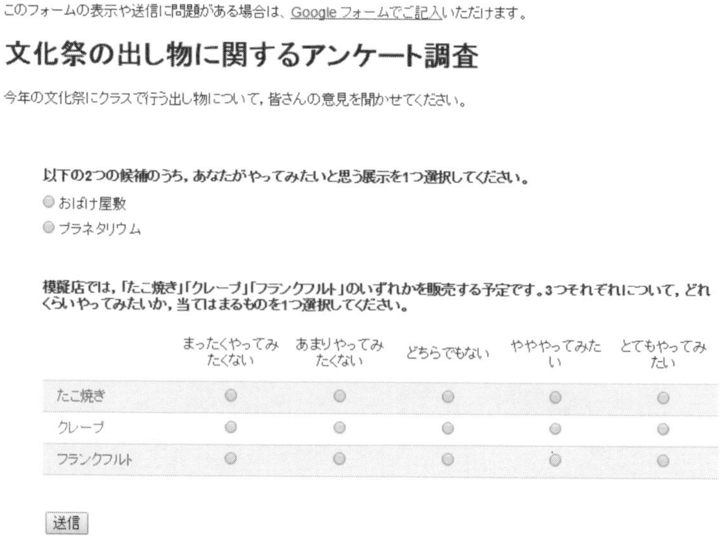

図 1.12　メール本文におけるフォームの表示

§1.10　●回答の表示

再び Google ドライブにログインし，作成したフォーム「文化祭の出し物に関するアンケート調査」をもう一度開いてみましょう。そして，画面最上部のフォーム名「文化祭の出し物に関するアンケート調査」の直下に並んでいるメニューの中から「回答」メニュー，「回答の概要」の順にクリックします（図 1.13 参照）。

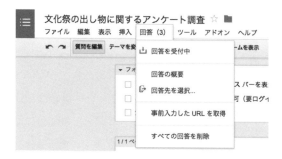

図 1.13　回答の概要を確認する手順

すると，図 1.14 のような出力が得られます。これは，項目ごとの回答結果を整理して作成されたグラフであり，データの概要を視覚的に確認するのにとても便利です。

§1.10 回答の表示 11

3件の回答

すべての回答を表示　分析を公開

概要

以下の2つの候補のうち、あなたがやってみたいと思う展示を1つ選択してください。

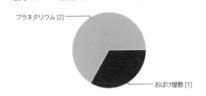

おばけ屋敷	1	33.3%
プラネタリウム	2	66.7%

たこ焼き [模擬店では、「たこ焼き」「クレープ」「フランクフルト」のいずれかを販売する予定です。3つそれぞれについて、どれくらいやってみたいか、当てはまるものを1つ選択してください。]

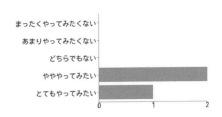

まったくやってみたくない	0	0%
あまりやってみたくない	0	0%
どちらでもない	0	0%
ややややってみたい	2	66.7%
とてもやってみたい	1	33.3%

クレープ [模擬店では、「たこ焼き」「クレープ」「フランクフルト」のいずれかを販売する予定です。3つそれぞれについて、どれくらいやってみたいか、当てはまるものを1つ選択してください。]

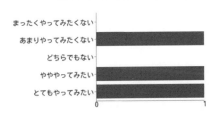

まったくやってみたくない	0	0%
あまりやってみたくない	1	33.3%
どちらでもない	0	0%
ややややってみたい	1	33.3%
とてもやってみたい	1	33.3%

フランクフルト [模擬店では、「たこ焼き」「クレープ」「フランクフルト」のいずれかを販売する予定です。3つそれぞれについて、どれくらいやってみたいか、当てはまるものを1つ選択してください。]

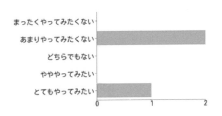

まったくやってみたくない	0	0%
あまりやってみたくない	2	66.7%
どちらでもない	0	0%
ややややってみたい	0	0%
とてもやってみたい	1	33.3%

図 1.14　回答の概要

Chapter.2 フォーム上級者への道

　第1章では，Googleフォームを利用して調査票を作成し，それを送信して回答を収集し，結果を確認するまでの手順を簡単に説明しました。本章では，Googleフォームの機能とそれらの設定方法についてさらに詳しく解説します。1つひとつの機能を理解し，Googleフォームを使いこなせるようになりましょう。

§2.1　フォームの作成

◎ 2.1.1　既存のフォームから新規フォームを作成する方法

　第1章では，Googleドライブにログインしたあと，「新規」をクリックして「その他」にカーソルを合わせ，「Googleフォーム」を選択してフォームを新規作成する方法を説明しました。

　もし，作成済みのフォームがあり，それを開いている状態の場合には，図2.1のように，画面最上部のフォーム名の直下に並んでいるメニューの中から「ファイル」，「新規作成」，「フォーム」の順にクリックすることによっても新たなフォームを作成することができます。

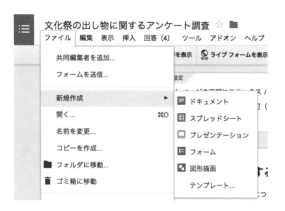

図 2.1 既存のフォームから新規フォームを作成する場合

◎ 2.1.2 フォームの設定

作成したフォームの上部には，図 2.2 に示した「フォームの設定」というボックスがあります。

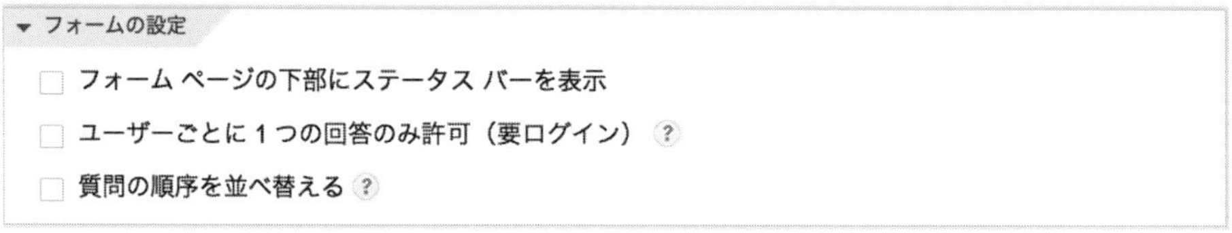

図 2.2 フォームの設定

ここに挙げられている 3 つの設定それぞれの詳細は以下の通りです。

フォームページの下部にステータスバーを表示 回答者がステータスバーで進ちょく状況を確認できるようにするには，このボックスをオンにします。ステータスバーは，図 2.3 の「100%完成しました」のように回答中の画面の右下に表示されます。進ちょく状況は，フォームの総ページ数に対して，現在回答者が何ページ目に記入しているかが%で示されます。たとえば，1 ページ中 1 ページ目に記入していれば，進ちょく度 100%，5 ページ中 2 ページ目に記入していれば進ちょく度 40%のようにカウントされます。ページ単位でのカウントになるため，複数ページにわたるような長いフォームに回答を求める場合に有用です。

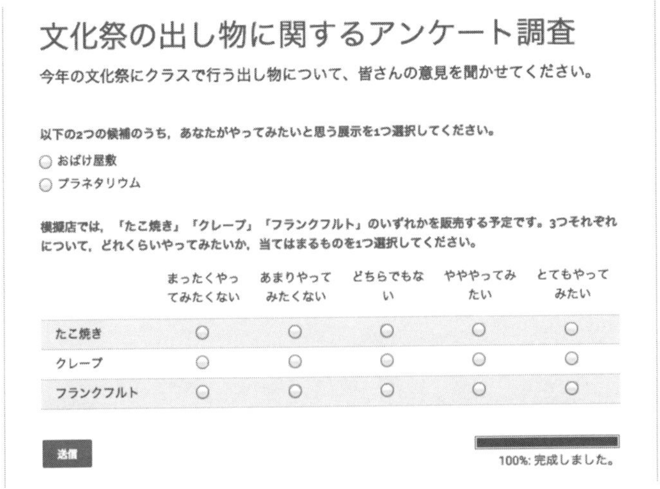

図 2.3 進捗状況を表すステータスバー

ユーザーごとに 1 つの回答のみ許可（要ログイン）　1 人のユーザーが，回答を複数回送信できないようにするには，このボックスをオンにします。この設定を有効にした場合，回答者は Google アカウントにログインする必要があります。ただし，このとき実際のユーザー名は記録されません。

質問の順序を並べ替える　このボックスをオンにすると，各ページの質問の順序がランダムに並べ替えられます。質問の項目の内容によっては，項目の配列順序が回答傾向に影響を与えることが考えられます[*1]。このような影響をできるだけなくすための 1 つの対策として，この設定を活用することができます。回答者ごとに質問項目をランダムに並べ替えて提示することで，収集した回答全体としては，順序の影響が相殺されることが期待できるからです。

◎ 2.1.3 質問形式の種類

ここでは，Google フォームで利用できる質問形式の種類について紹介します。フォームにおいて「質問の形式」をクリックすると，次に挙げるような 9 種類の質問形式がプルダウンメニューとして現れます。

[*1] 前方に配置された項目への回答が後の項目の回答傾向に影響を与えることをキャリーオーバー効果といい，3.3節，および4.1節で詳しく解説します。

- テキスト
- 段落テキスト
- ラジオボタン
- チェックボックス
- リストから選択
- スケール
- グリッド
- 日付
- 時間

以下では，それぞれの質問形式について，簡単に説明します。

テキスト　テキストを選択すると，図 2.4 のような画面になります。テキスト形式は，単語レベルで回答を求めるような短答形式の質問に利用します。たとえば，図 2.5 のような質問を設定することができます。

図 2.4　テキスト形式

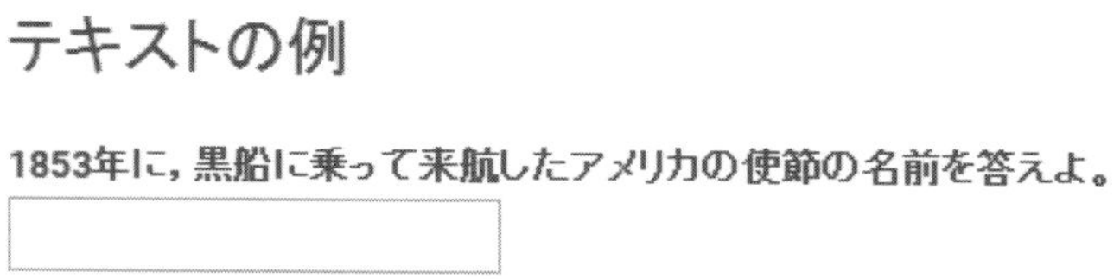

図 2.5　テキスト形式の質問の例

また，図 2.4 の項目作成画面で，左下の「詳細設定」をクリックし，「データの検証」というチェックボックスをオンにすると，図 2.6 のようになります。この詳細

設定の機能では，「数字」「テキスト」「正規表現」の3つの観点から，回答がフォーム作成者の意図した条件に合致しているか否かを検証することができます。

図 2.6 データの検証（テキスト形式）

　図2.6の1番目（左側）のプルダウンメニューから「数字」を選択すると，2番目（右側）のプルダウンメニューでは「次より大きい」「次以上」「次より小さい」「次以下」「次と等しい」「次と等しくない」「次の間にある」「次の間にない」「数字」「整数」という選択肢が用意されています。「次～」という条件では，さらにその右側のボックスで，具体的にどのような数値を回答として求めるのかを記入します。また，「数字」および「整数」はそれぞれ，回答が数字か否か，整数か否かを検証します。

　1番目（左側）のプルダウンメニューから「テキスト」を選択した場合には，2番目（右側）のプルダウンメニューでは「次を含む」「次を含まない」「メールアドレス」「URL」の4つが用意されています。たとえば「次を含む」とし，その次のテキストボックスに"アンケート"と指定しておくと，回答に"アンケート"という言葉が含まれているか否かを検証し，含まれていない場合にはエラーメッセージが表示されるように設定できます。「メールアドレス」と「URL」はそれぞれ，回答者が入力した文字列がメールアドレスか否か，URLか否かを判別します。

　1番目（左側）のプルダウンメニューで「正規表現」を選択すると，2番目（右側）のプルダウンメニューでは「次を含む」「次を含まない」「一致する」「一致しない」の中から選択することになります。正規表現とは，一般的に，ある特定のパタンを持った文字列の集合を1つの形式で表現するための方法のことであり，その特定のパタンを持った文字列の集合を一気に検索，または置換するために利用されます[*2]。フォームにおける「正規表現」による回答の検証では，テキストが特定の正規表現を含んでいるか否か，あるいは指定した正規表現に一致するか否かを確認します。

　Googleフォームで利用できる正規表現の一部を表2.1にまとめました（`https://support.google.com/docs/answer/3378864?hl=ja&ref_topic=6063592`を参考に，一部変更を加えています）。なお，表2.1で説明されている`^`や`$`といった，正規表現として特定の意味を持つ文字について，それ自体を検索したい場合には，`\^`や

[*2] 正規表現は，もともと，UNIX系OSにおいて使用されていた表記法ですが，現在ではさまざまなソフトウェアに実装されており，テキストエディタ等の検索・置換機能において広く利用されています。正規表現では，特定の1つの文字列を直接指定するのではなく，特定のパタンを持った文字列を指定するため，複数の異なる文字列を一括して置換・検索を行うために非常に便利であり，表記揺れを考慮した検索等も容易に行うことができます。

表 2.1 Google フォームで利用できる正規表現

表現	説明	使い方	一致の例	不一致の例
.	その位置にある任意の文字（数字）を表します。	d.	do, dog, dg, ads	fog, jog
*	直前の文字（数字）を 0 回以上繰り返す文字列を検索します。	do*g	dog, dg, doog	dOg, doug
+	直前の文字（数字）を 1 回以上繰り返す文字列を検索します。	do+g	dog, doog	dg, dOg, doug
?	直前の文字（数字）を 1 回だけ含むか、まったく含まない文字列が返されます。	do?g	dog, dg	dOg, doug
{A, B}	直前の文字を A～B 回繰り返すことを意味します。（A と B には数値が入ります。）	d(o{1,2}g)	dog, doog	dg, dOg, dooog
[x], [xa5]	文字セットの中のいずれか 1 つの文字のみがその位置で使用されることを示します。[] 内で他の正規表現を使用することもできます。	do[ou]g	dog, dug	dg, dOg, doug
^	正規表現の先頭に挿入して使用し、文字列がその直後の文字で始まることを表します。	^[dh]og	dog, hog	A dog, his dog
$	正規表現の末尾に配置して使用し、文字列がその直前の文字で終わることを表します。	[dh]og$	dog, hog, hot dog	hogs, doggy
[^a-c]	[^文字セット] とすると、指定の文字セットに含まれない文字を検索します。	d[^au]g	dog, dOg, dig	dag, dug, dg
[a-z]	指定の範囲内の文字を検索します。一般的な範囲として、[a-z]、[A-Z]、[0-9] などが指定できます。また、[a-zA-Z] のように、複数の範囲を組み合わせて 1 つの範囲とすることもできます。	d[o-q]g	dog, dpg, dqg	dOg, dug
\s	空白（半角スペースまたはタブ）を表します。	d\sg	d g	dg, dog, doug

\$のように、それらの文字の直前にバックスラッシュ (\) を付けて表します。

　「数字」「テキスト」「正規表現」のいずれの場合でも、無効な回答を入力した回答者には、エラーメッセージが表示されます。このエラーメッセージをフォーム作成者が変更するには、「カスタムのエラーテキスト」とある右端のテキストボックスを使用します。

段落テキスト　段落テキストを選択すると、図 2.7 のような画面になります。段落テキスト形式は、論述形式で長文での回答を求める際に利用します。たとえば、図 2.8 のような質問を設定することができます。

また，図 2.7 の項目作成画面で，左下の「詳細設定」をクリックし，「データの検証」というチェックボックスをオンにすると，図 2.9 のようになります。この機能を利用すると，テキスト形式の場合と同様に，回答がフォーム作成者の意図した条件に合致しているか否かを検証することができます。

段落テキスト形式の場合には，「テキスト」と「正規表現」という 2 つの観点が用意されています。「テキスト」では，「最小文字数」と「最大文字数」に関する設定が可能であり，それぞれ回答の長さが最大文字数に収まっているか，あるいは最小文字数以上であるかを確認します。ただし，最大文字数や最小文字数は半角でのカウントとなるので注意してください。また，「正規表現」を指定した検証の方法はテキスト形式の場合とまったく同じです。

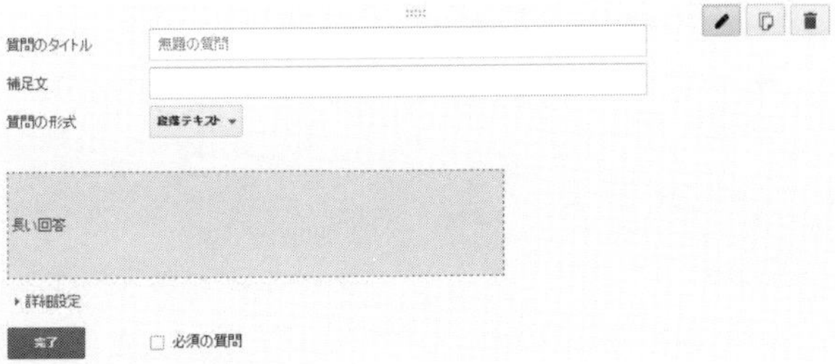

図 2.7 段落テキスト形式

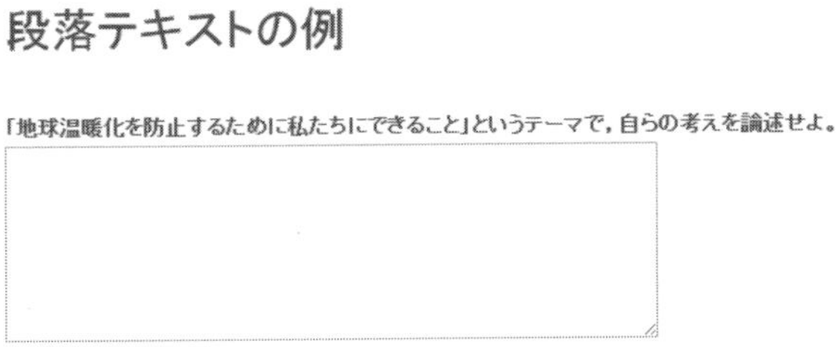

図 2.8 段落テキスト形式の質問の例

図 2.9 データの検証（段落テキスト形式）

ラジオボタン ラジオボタン形式は，第 1 章で「文化祭の出し物に関するアンケート調査」の例で見たように，あらかじめ複数の選択肢を用意して，その中から 1 つを選択させる質問に利用します。ラジオボタンを選択すると，図 2.10 のような画面になります。

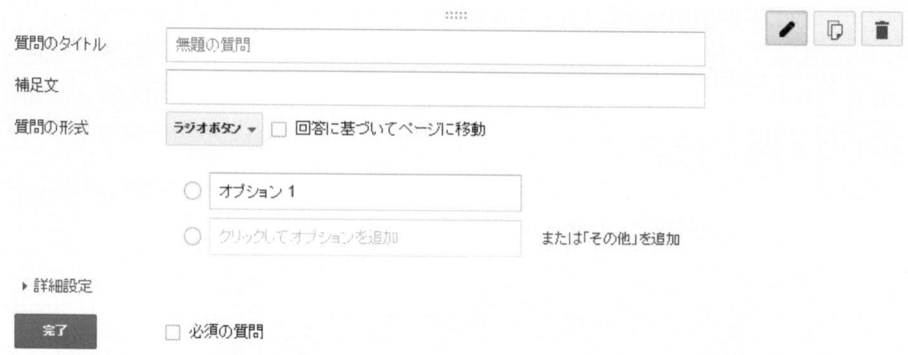

図 2.10 ラジオボタン形式

選択肢を設定するには，「クリックしてオプションを追加」という欄をクリックし，入力します。また，「クリックしてオプションを追加」という欄の右側の「または「その他」を追加」という部分をクリックすると，「その他」という選択肢と自由記述欄とのセットが作成されます。

図 2.10 下部に示されている「詳細設定」をクリックすると，図 2.11 のように，「オプションを並べ替えます」というチェックボックスが出てきます。このボックスをオンにすることで，回答者ごとに選択肢をランダムに並べ替えて表示することができきます。

図 2.11 オプションの並べ替え

ラジオボタン形式では，「質問形式」のすぐ右脇に，「回答に基づいてページに移動」というチェックボックスが用意されています。このボックスをオンにすると，各質問への回答に応じて，フォーム内の特定のページに回答者を誘導することができるようになり，ろ過項目[*3]の設定にとても便利です。この機能は，たとえば，フォー

[*3] ろ過項目の詳しい説明については，4.1.9 項を参照してください。

図 2.12 「回答に基づいてページに移動」をオンにした場合

ムの 2 ページ目に回答した回答者を，次に 3 ページ目ではなく 4 ページ目に誘導するときに利用します。具体的には，性別を尋ねる質問を設定し，その後，女性と選択した回答者にのみ出産経験の有無を尋ねる質問に回答してもらいたい，といった場合等に有用です。このとき，回答者の誘導は，ページ単位での設定になるため，あらかじめ上述の 2 つの質問は，それぞれ異なるページに用意しておく必要があります[*4]。

[*4] 改ページの方法については，2.1.6 項を参照してください。

「回答に基づいてページに移動」というチェックボックスをオンにすると，各選択肢（オプション）の右隣に「次のページに進む」というメニューが表示されます。さらに「次のページに進む」をクリックすると，たとえば，図 1.1 のフォームの場合は，図 2.12 のように，「次のページに進む」の他に，「ページ 1（文化祭の出し物に関するアンケート調査）に移動」「フォームを送信」というプルダウンメニューが現れます。デフォルトでは「次のページへ進む」に設定されていますが，プルダウンメニューから選択することで，複数のページがある場合にフォームの特定のページに誘導することができます。プルダウンメニューから「フォームを送信」を選択すると，回答に基づいて回答者を確認ページに誘導します。なお，「回答に基づいてページに移動」をオンにした質問が 2 つ以上ある場合には，回答者は，最後に回答した質問で示されたページへ誘導されます。

チェックボックス チェックボックスを選択すると，図 2.13 のような画面になります。チェックボックス形式は，あらかじめ用意した複数の選択肢の中から，いくつでも選択してよい質問の場合に利用します。たとえば，図 2.14 のような質問を設定することができます。

図 2.13 チェックボックス形式

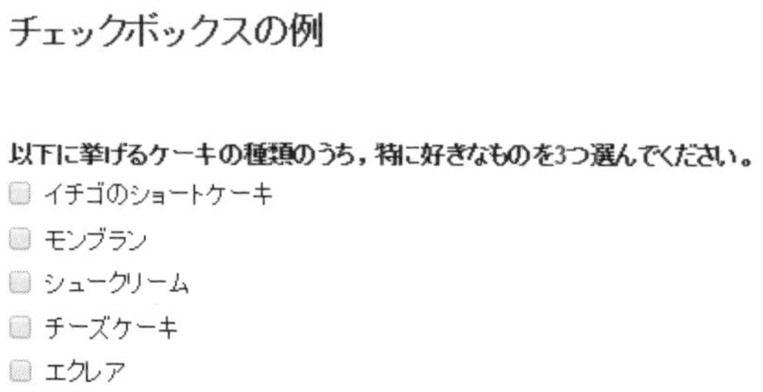

図 2.14 チェックボックス形式の質問の例

　チェックボックス形式の「詳細設定」には，図 2.15 のように「データの検証」と「オプションを並べ替えます」があります。「データの検証」では，「選択する最低個数」「選択する最多個数」「選択する個数」の 3 つの中から，設問内容に応じた指定を行います。チェックボックス形式は，複数の選択肢の中から無制限に選択可能な質問形式ですが，図 2.14 のような設問の場合には，あらかじめ「選択する個数」で"3"と設定しておけば，3 つ選択していない回答者に対して図 2.16 のようにエラーメッセージを表示することができます。また，「オプションを並べ替えます」というチェックボックスをオンにすると，回答者ごとに選択肢がランダムに並べ替えられて表示されます。

図 2.15 詳細設定（チェックボックス形式）

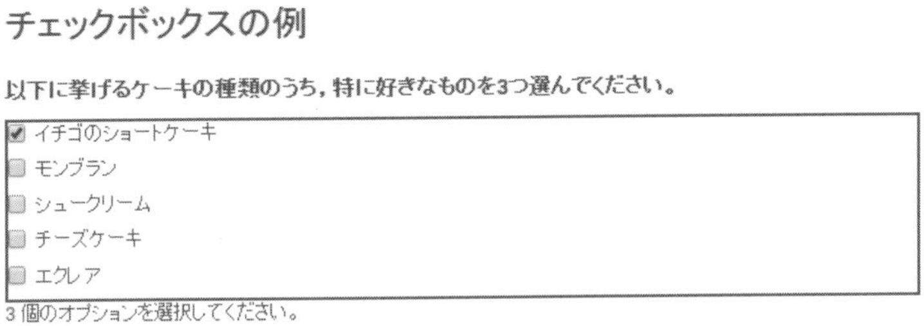

§2.1 フォームの作成　23

図 2.16 詳細設定を利用した際のエラーメッセージ（チェックボックス形式）

リストから選択　リストから選択という形式は，ラジオボタンと同様に，あらかじめ複数の選択肢を用意して，その中から1つを選択させる質問に利用します。用途はラジオボタンとほとんど変わりませんが，選択肢を選ぶ際，図 2.17 のようにプルダウンメニューから選択してもらう形式になります。特に，選択肢の数が多い場合や，1つひとつの選択肢の文字数が多い場合などは，ラジオボタンにより選択肢をすべて列挙すると見づらくなるため，リストから選択のほうが適しているでしょう。「詳細設定」によって選択肢をランダムに並べ替えられる点や，「回答に基づいてページに移動」によって回答者を特定のページに誘導できる点もまた，ラジオボタンのときと同じです。

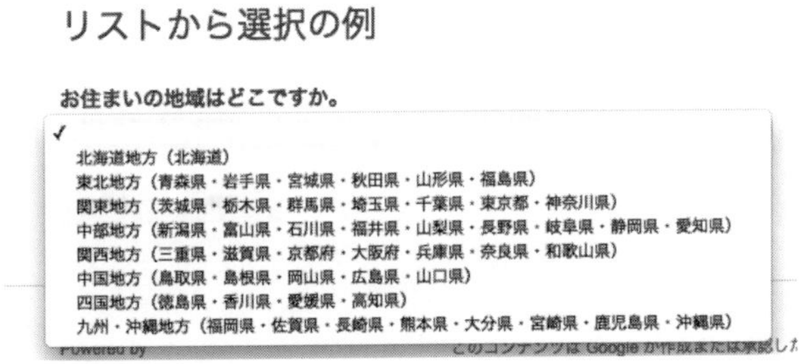

図 2.17 リストから選択形式の質問の例

スケール　スケールを選択すると，図 2.18 のような画面になります。スケール形式は，任意の番号をふったスケールから，当てはまるもの1つを選択するような質問に利用します。スケールの数は「スケール」で変更することができます。スケールの下限は 0 または 1，上限は 2〜10 の間から選択します。たとえば，図 2.19 のような質問を設定することができます。

図 2.18 スケール形式

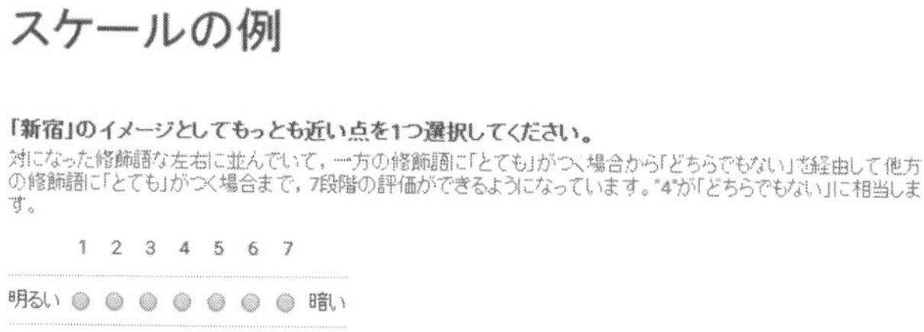

図 2.19 スケール形式の質問の例

「アイテムを追加」から「スケール」を再び選択することで，図 2.20 のように，同じ質問に対して新たなスケールを追加することも可能です。

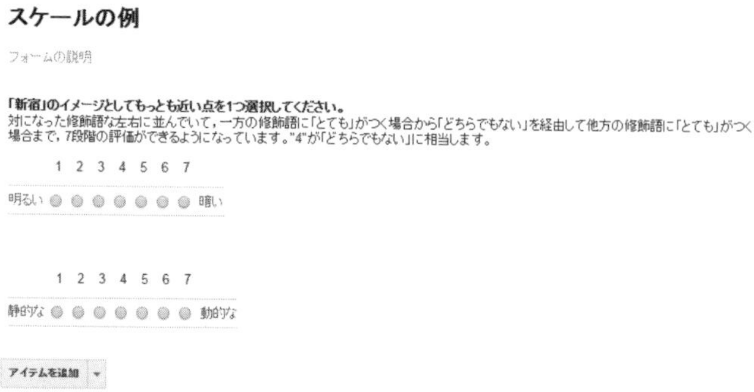

図 2.20 スケールの追加

グリッド グリッド形式は，第 1 章の「文化祭の出し物に関するアンケート調査」でも利用した通り，複数の評価対象についていくつかの段階で，あるいは複数の観点から評価させるような質問に適した形式です。グリッドを選択すると，図 2.21 のような画面になります。評価対象を増やしたいときには「クリックして行を追加」，

選択肢を増やしたいときには「クリックして列を追加」をクリックします。

グリッドとスケールは互いに同様の目的で利用することができますが，グリッド形式の列には順序関係のない観点を設定しやすいので，図 2.22 のような質問にも適しています。

図 2.21　グリッド形式

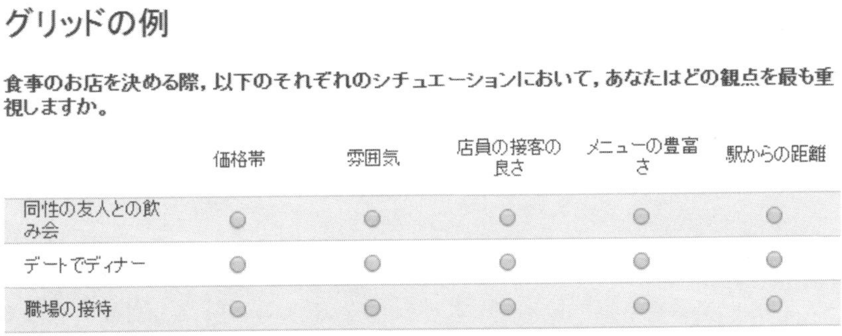

図 2.22　グリッド形式の質問の例

図 2.23 に示したように，「詳細設定」では，「1 列につき 1 件の回答に制限」と「行を並べ替えます」という設定が可能です。「行を並べ替えます」というチェックボックスをオンにすると，回答者ごとに行がランダムに並べ替えられて表示されます。

図 2.23　詳細設定（グリッド形式）

日付 日付を選択すると，図 2.24 のような画面になります。回答の際には，カレンダーから日付を選択します。たとえば，図 2.25 のような質問を設定することができます。

図 2.24 日付形式

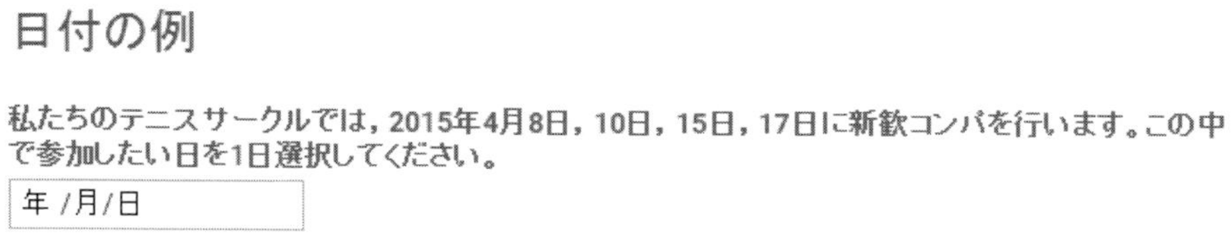

図 2.25 日付形式の質問の例

時間 時間を選択すると，図 2.26 のような画面になります。時間（時刻，または経過時間）の選択を求める質問に利用します。図 2.26 では，時刻を回答するための形式になっていますが，「経過時間」のチェックボックスにチェックを入れると，何時間何分何秒という形式で経過時間を回答させるためのフォームとなります。時刻と経過時間のそれぞれについて，たとえば図 2.27 のような質問を設定することができます。

図 **2.26** 時間形式

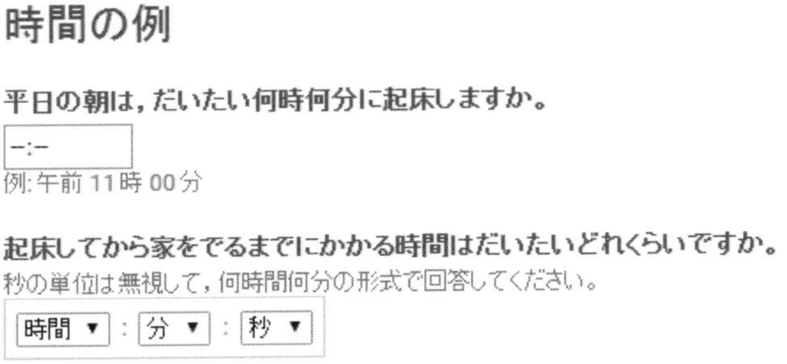

図 **2.27** 時間形式の質問の例

◎ **2.1.4 回答者名やメールアドレスを入力させる場合**

　回答者名やメールアドレス等の情報も収集する場合は，それぞれ質問として用意します。このような場合には，質問形式としてはテキスト形式を選択するとよいでしょう。その上で，たとえばメールアドレスの入力を求めた場合には，詳細設定を活用し，回答者が入力した文字列が「メールアドレス」であるか否かを確認することが有用です。

◎ **2.1.5 画像・動画の挿入**

　Google フォームで調査票を作成する際には，必要に応じて，画像や動画を利用することもできます。フォームの中に画像や動画を挿入する際には，図 2.28 のように「挿入」メニューをクリックして「画像」（下から 2 番目），または「動画」（1 番下）をクリックします。

図 2.28 「挿入」メニュー

画像の挿入　「挿入」メニューから「画像」を選択すると，図 2.29 のようなウィンドウが開きます。中央に表示された「ここに画像をドラッグ」という指示に従い，挿入したい画像を直接ドラッグするか，その下の「アップロードする画像を選択」をクリックして，あらかじめ画像を保存してあるドライブやフォルダから目的の画像を選択します。

　このように，既に手元にある画像を「アップロード」する以外にも，「スナップショットを撮影」「URL」「あなたのアルバム」「Google ドライブ」「検索」という選択肢があります。「スナップショットを撮影」では，ウェブカメラを使用してその場で写真を撮影し，その画像をすぐに利用することができます。また，「URL」では，ウェブ上の画像の URL を指定します。「あなたのアルバム」「Google ドライブ」では，それぞれウェブ上に保存した写真アルバム，あるいは Google ドライブに保存した画像の中から選択します。また，「検索」では，ストックフォト，Google，Life のアーカイブを検索して，画像を選択します。目的の画像を見つけたら，その画像，「選択」ボタンの順にクリックすることで即座にアップロードが開始されます。挿入できる画像のサイズは 2MB 未満で，.gif（アニメを除く），.jpg，.png 形式に対応しています。

　アップロードが完了すると，図 2.29 のウィンドウは消え，フォーム上の画面に戻ります。図 2.30 のように，挿入した画像が表示されていることが確認できます。また，「画像のタイトル」と「マウスオーバーテキスト」の指定が可能となっています。マウスオーバーテキストとは，完成したフォーム上で，画像にカーソルを合わせた際

図 2.29 画像の挿入

に表示されるテキストのことです．さらに，挿入した画像の直下に表示されている によって，画像の位置を設定することができます．左から順に，左揃え，中央，右揃えとなります．

ここでは，「画像のタイトル」には "回帰分析入門"，「マウスオーバーテキスト」には "豊田 (2012)" と入力しました．続けて，図 2.28 の「挿入」メニューから「ラジオボタン」を選択し，質問を作成すると，図 2.31 に示したようなフォームができ上がります．

図 2.30 画像挿入後のフォーム

図 2.31 ライブフォーム表示

動画の挿入　図2.28の「挿入」メニューから「動画」を選択すると，図2.32のようなウィンドウが開きます。動画を挿入するには，「動画検索」と「URL」という2つの方法が用意されています。「動画検索」では，検索ボックスを使用してYouTubeのコンテンツの中から動画を検索します。「URL」では，YouTubeのURLがあらかじめわかっている場合に，そのURLを直接指定します。動画を選択したら，タイトルと説明を追加できます。また，動画の角をドラッグすると動画のサイズを変更できます。画像の場合と同様に，動画の配置をページの左・中央・右のオプションから選択することができます。

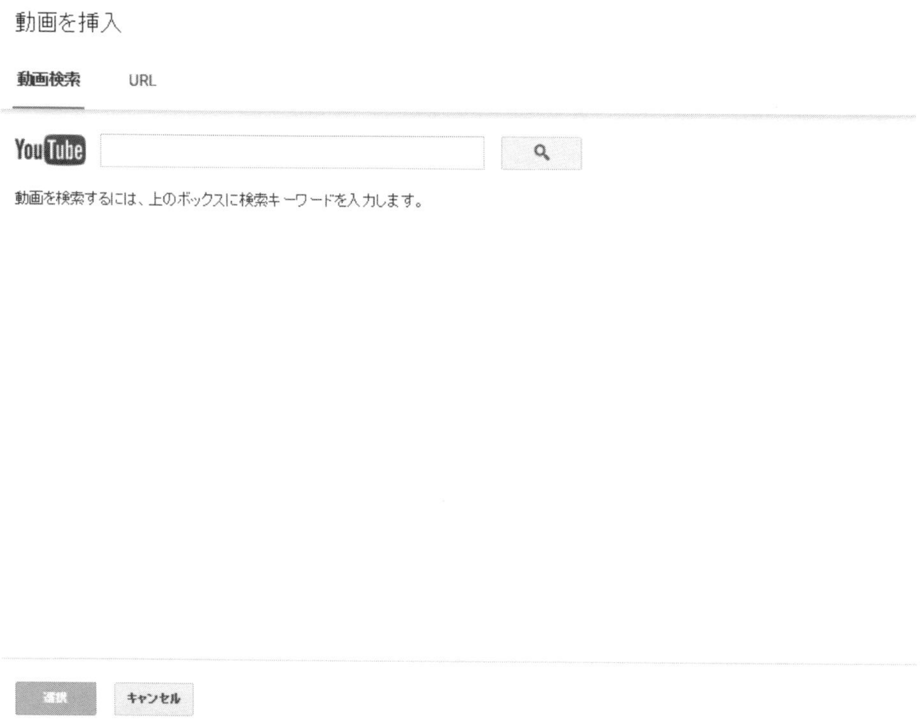

図 **2.32**　動画の挿入

　なお自分で撮影，または作成していない画像や動画をウェブ上から検索して利用する場合には，それらが違法にアップロードされたものでないかどうか十分に注意する必要があります。利用したい画像や動画が著作権を侵害していないことを確認した上で，引用が許されている場合には，引用元の規約に基づきそれらを利用し，引用の際には必ず引用元を明記しましょう。

◎ 2.1.6　セクションヘッダー・改ページの追加

　質問項目が多く，長いフォームの場合には，フォームを見やすく整理し，回答者の入力作業を簡単にするために，セクションヘッダーや改ページを追加することが有効です。これらも，図 2.28 の「挿入」メニューから選択します。

セクションヘッダーの挿入　図 2.28 の「挿入」メニューから「セクション ヘッダー」を選択すると，図 2.33 が新たに作成されます。セクションの見出しとなる「ヘッダーテキスト」と，そのセクションの「説明」を入力することができます。1 つのフォームを利用して，さまざまな観点から多くの質問をするような場合には，質問の主旨が転換されるタイミングでセクションヘッダーを挿入するとよいでしょう。

図 2.33　セクションヘッダーの挿入

改ページの挿入　長いフォームの場合には，セクションヘッダーを利用するだけではなく，区切りの良いところで改ページを行うという処理も有用です。図 2.28 の「挿入」メニューから「改ページ」を選択すると，図 2.34 が新たに作成されます。「ページタイトル」と「説明」を任意で入力することができます。また，それぞれのページの中で，複数のセクションヘッダーを設定することも可能です。

図 2.34　改ページの挿入

　改ページを一度でも行うと，すべてのページとページの間の右端に，「○ページの後 次のページへ進む」と表示されます（図 2.35 参照）。この「次のページへ進む」

の部分をクリックすると，図2.36のようにフォーム内のすべてのページがプルダウンメニューで示され，フォーム内の特定のページや確認ページに回答者を誘導するように変更できます。

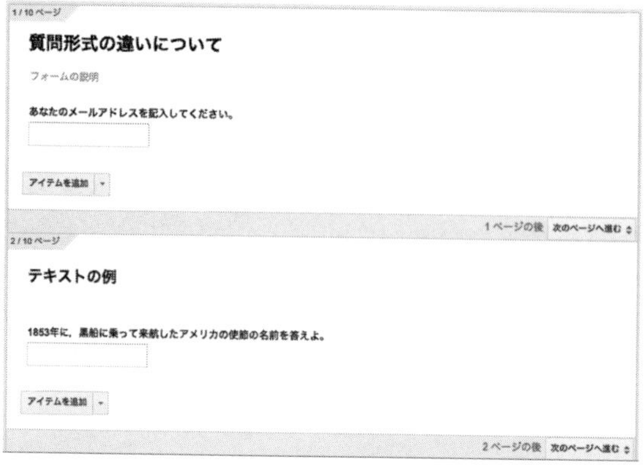

図 2.35 ページ間に表示される「次のページへ進む」 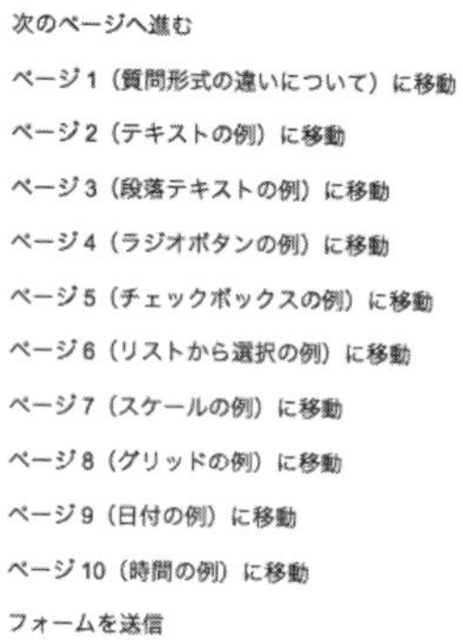　　**図 2.36** 「次のページへ進む」の詳細

また，「質問の形式」を「ラジオボタン」，もしくは「リストから選択」とすると，「回答に基づいてページに移動」という設定ができました。この設定を利用するためには，目的に応じてあらかじめ質問項目を複数のページに分けて用意しておく必要があります。

◎ **2.1.7 アイテムを追加**

図2.28を見るとわかるように，「挿入」メニューからは，画像，動画，セクションヘッダー，改ページの他にも，「質問の形式」の種類を選択して質問項目の追加を行うこともできます。これら「挿入」メニューとまったく同様の操作が，「アイテムを追加」によっても可能です。各ページの左下には，図2.35に示したように，必ず「アイテムを追加」というボタンが表示されています。このボタンをクリックすると，図2.37となります。この中から追加したいアイテムを選択することで，新たな質問項目や画像，動画，セクションヘッダー，改ページを挿入できます。また，「挿入」メニュー，あるいは「アイテムを追加」によって作成したアイテムは，ドラッグ＆ドロップにより順番の入れ替え，変更が可能です。

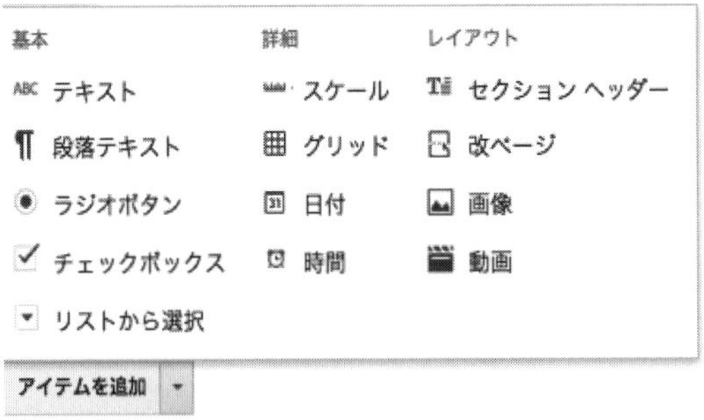

図 **2.37** 「アイテムを追加」の詳細

◎ **2.1.8 作成したアイテムの編集**

既存のアイテムの上にカーソルを合わせると，右上に3つのボタンが現れます。アイテムを編集するには ✏ を，同じアイテムをコピーするには 📄 を，アイテムを削除するには 🗑 をクリックしましょう。

◎ **2.1.9 テーマの追加**

第1章でも説明した通り，ツールバーから「テーマの変更」をクリックし，右パネルに表示されるテンプレートの中から，適用したいテーマを選択することで，テーマの変更を行うことができました。もし，既存のフォームと同じテーマに設定したいという場合には，同一のテーマをコピーすることもできます。「テーマの変更」をクリックすると，右パネルの1番上には，図2.38が示されています（図1.10も参照のこと）。ここから「フォームを選択」をクリックし，表示されたフォームの中から，現在のフォームに適用したいものをクリックします。左下の「選択」をクリックすると，直ちに現在のフォームに当該テーマが反映されます。

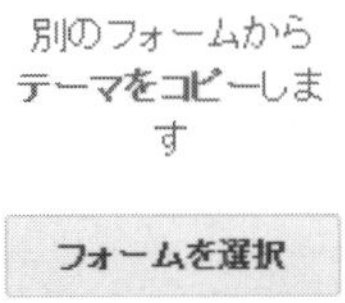

図 **2.38** テーマのコピー

カスタムテーマを作成すると，フォームの概観をさらに自由に決定することができます。ツールバーから「テーマの変更」をクリックし，右パネルに表示されたテンプレートの中からいずれかを選択します。テンプレートの下には，図 2.39 のように「カスタマイズ」と表示されています。この「カスタマイズ」をクリックすると右パネルが図 2.40 のように変わります。図 2.40 の中からセクションを選択し，それぞれ編集することでオリジナルのテーマを設定することができます。

「カスタマイズ」では，次の点を変更することができます。

- ヘッダーとページの背景にカスタムの画像を追加する。
- フォームのテキストのフォント，フォントサイズ，フォントの色，段落の配置を変更する。
- フォームとページの背景の色を変更する。

変更内容は自動的に適用され，フォームの編集を続けることができます。

図 2.39 テーマのカスタマイズ

図 2.40 カスタマイズの詳細

§2.2 フォームの送信とその準備

2.2.1 フォームの回答先の選択

フォームが完成したら，回答の保存先を設定しておきましょう。図 2.41 の「回答」メニューから，「回答先を選択」をクリックすると，図 2.42 に示したようなウィン

ドウが開きます。

　ここで，回答をスプレッドシートに送信するか，フォームのみに保存するかを選択します。スプレッドシートに回答を送信し，保存する場合，フォームへの回答は，新しいスプレッドシートにも既存のスプレッドシートにも保存できます。新しいスプレッドシートを作成して回答を保存するためには，図 2.42 の「回答先を選択」において，「新しいスプレッドシート」をオンにして，スプレッドシートの名前を入力します。特にスプレッドシートの名前を指定しなければ，対応する "フォーム名（回答）" という名前の新たなスプレッドシートが，回答受信後に自動的に作成されます。今後，新たにフォームを作成した際，それらすべてのフォームの回答を常に新しいスプレッドシートに回収する場合には，「常に新しいスプレッドシートを作成」のチェックボックスもオンにしておきます。あるいは，既存のスプレッドシートに新たなシートを作成して回答を保存したい場合には，「既存のスプレッドシートの新しいシート」をオンにして，「選択」をクリックし，既存のスプレッドシートの中からいずれかを選び「選択」をクリックします。

　フォームの回答をスプレッドシートに保存するように設定すると，図 2.41 に示したツールバーの「回答先を選択」が，「回答を表示」に変わります。そして，「回答を表示」をクリックすると，スプレッドシート上で回答を確認することができます。スプレッドシートでは，受信順に回答が表示されます。また，このスプレッドシートは，自動的に Google ドライブに保存されます。

図 2.41　「回答」メニュー　　図 2.42　回答先の選択

　図 2.42 で「Google フォームでのみ回答を保存する」を選択すると，回答がスプレッドシートには送信されずにフォームのみに保持されます。Google フォームのみ

に回答を保存することを選択したとき，収集した回答にアクセスするためには，図2.43に示したように，「ファイル」メニュー，「形式を指定してダウンロード」，「カンマ区切りの値」の順にクリックし，CSV 形式[*5]のファイルとして回答のデータをダウンロードします[*6]。なお，回答をスプレッドシートに送信することを選択した場合でも，上述と同じ方法で，回答のデータを CSV 形式のファイルとしてダウンロードすることは可能です。

[*5] 項目ごとにカンマ(,)で区切られたデータのことです。

[*6] フォームから CSV 形式でダウンロードしたデータの文字コードは UTF-8 になっているため，ファイルを直接開いても文字化けして読めないことがあります。R を使って文字コードを変更する方法については 5.2.2 項を参照してください。また，テキスト形式や段落テキスト形式の項目に対する回答に機種依存文字が含まれていると，ダウンロードがうまくできない場合があるので注意してください。

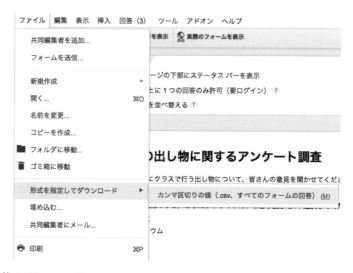

図 2.43 回答のダウンロード

また，最初に「Google フォームでのみ回答を保存する」を選択した場合には，「回答」メニューから「回答先を選択」をクリックし，スプレッドシートに回答を送信するよう，いつでも変更することができます。一方で，最初にスプレッドシートに保存する方法を選択した場合には，2.3.2 項で説明する方法でフォームとスプレッドシートとのリンクを解除しない限り，途中からフォームのみに保存する方法に切り替えることはできません。ただし，「回答」から「回答先を変更する」の順にクリックすることで，回答先となるスプレッドシートはいつでも変更できます。名前を変更して新しいスプレッドシートを作成したり，回答をそれまでとは別の既存のスプレッドシートに送信したりすることは可能です。

回答の管理において注意しなくてはならないのは，スプレッドシートに送信されるのは，あくまでも回答のコピーである，という点です。回答はフォームからスプ

レッドシートにのみ送信され，スプレッドシートからフォームには送信されません。つまり，スプレッドシート内で回答を変更しても，第 1 章の最後で確認した「回答の概要」や，フォームからダウンロードされた CSV ファイルの内容には反映されないのです[*7]。また，スプレッドシートに保存できるのは回答値を含むセルの最初の 40 万個までです。したがって，フォームへの回答者数や項目数が多くなることが見込まれる場合には，Google フォームに回答を保存することが推奨されます。なお，フォームの概要ビューや，フォームから CSV 形式でダウンロードするファイルには上記のようなサイズ制限はなく，送信されたすべての回答が常に反映されます。

[*7] 紙面の都合上，この本では詳しい手順について説明しませんが，回答のデータはスプレッドシートからもダウンロードすることができます。スプレッドシートで回答を変更したり，データの加除を行ったりした場合には，スプレッドシートから直接ダウンロードすることで，変更が反映されたデータを取得することができます。

◎ 2.2.2 フォームの事前入力

一部の欄があらかじめ入力されたフォームをアンケート対象者に送信することができます。フォームの回答欄を事前に入力するためには，図 2.44 に示したように，「回答」メニュー，「事前入力した URL を取得」の順にクリックします。

図 2.44 事前入力した URL の取得

フォームがすべて回答可能な状態で開きますので，ここで，事前に回答を入力しておきたい回答欄に入力します。例として，「質問の形式」の種類のうち日付の使い方として提示した図 2.25 の質問において，あらかじめ選択肢の 1 つである 2015 年 4 月 8 日を入力し，図 2.45 とします。事前入力を終えたら，フォームの最下部にある「送信」をクリックしましょう。

すると，図 2.46 のように入力済みのフォームの URL がフォームの最上部に表示されます。事前入力したフォームを対象者に送信するには，この生成された URL をコピーして使用します。すぐにフォームの送信を行わない場合には，ここで生成さ

日付の例

私たちのテニスサークルでは，2015年4月8日，10日，15日，17日に新歓コンパを行います。この中で参加したい日を1日選択してください。

2015/04/08

図 2.45 事前入力の例

入力済みの回答を含むこのフォームへのリンクを 共有してください。
https://docs.google.com/forms/d/1Cqd_EELje3KtkvqApC3Icexo3KtpR3367V59EmCsE_c/viewform?entry.19

図 2.46 事前入力済みのフォームの URL

れた URL をテキストエディタ等に保存しておきましょう。

◎ 2.2.3 フォームの送信

　ここまでで，アンケート対象者にフォームを送信するための準備が整ったので，いよいよフォームの送信です。作成中のフォームの1番下には，図 2.47 の「確認ページ」があります。ここでは，回答者が回答を送信したあとの完了画面に関する設定を行います。3つのチェックボックスによる設定の詳細は以下の通りです。なお，3つのボックスをすべてオンにした場合，完了画面は図 2.48 のようになります。

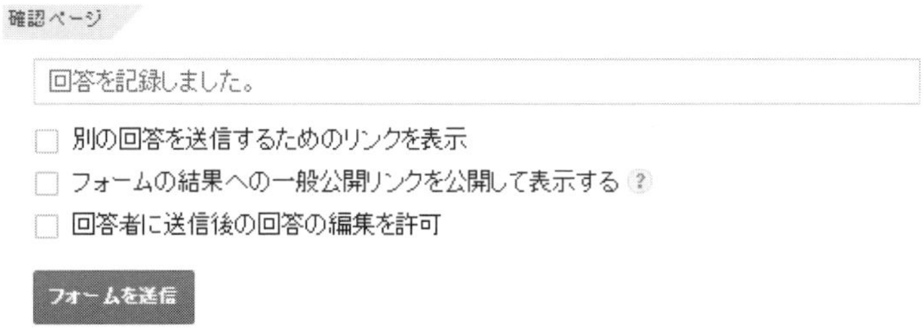

確認ページ

回答を記録しました。

☐ 別の回答を送信するためのリンクを表示
☐ フォームの結果への一般公開リンクを公開して表示する ?
☐ 回答者に送信後の回答の編集を許可

フォームを送信

図 2.47 確認ページ

別の回答を送信するためのリンクを表示　同じ回答者が同一のフォームに複数回回答することを許可する場合には，このチェックボックスをオンにします。ボックスをオンにすると，回答を送信したあとの完了画面に，図 2.48 のように「別の回答を送信」と表示され，入力画面へのリンクが貼られます。ただし，このボックスに

図 **2.48** 3つのチェックボックスをすべてオンにした場合の完了画面

チェックを入れていない場合でも，回答者が直接フォームのURLにアクセスすることで，同一のフォームに何度も回答することは可能です。

フォームの結果への一般公開リンクを公開して表示する　このボックスをオンにすると，当該フォームに対する回答結果をグラフで表した「回答の概要」を，すべての回答者が閲覧できるようになります。ボックスをオンにすると，回答を送信したあとの完了画面に，図2.48のように「前の回答を表示」と表示され，クリックすると，それまでに送信されたすべての回答に関する「回答の概要」が示されます。

回答者に送信後の回答の編集を許可　フォームの回答者に，一度送信した回答の編集を許可する場合には，このチェックボックスをオンにします。ボックスをオンにすると，回答を送信したあとの完了画面に，図2.48のように「回答を編集」と表示され，クリックすると，直前まで入力を行っていたフォームに再び戻ります。回答者は，この「回答を編集」というリンクを使用して，回答を何度でも変更することができます。回答の編集を許可しておくと，回答者に入力ミスを修正してもらったり，誤って未回答のまま送信してしまった項目に回答し直してもらったりといった対処が可能になります。回答者が回答を編集して再び送信すると，変更内容は，当

該回答者の回答として上書きされ，回答を保存しているスプレッドシートや「回答の概要」にも反映されます。

また，図 2.48 の完了画面では，「回答を記録しました。」と表示されていますが，図 2.47 のテキストボックスの中身を書き換えることで，フォーム作成者は任意のフレーズに変更することができます。

図 2.47 の 1 番下の部分，または編集中のフォーム右上に表示されている「フォームを送信」という青いアイコンをクリックすると，図 2.49 のような画面が別ウィンドウで現れます。

図 2.49 フォームの送信

　第 1 章でも説明した，アンケート対象者にフォームを送信するための方法をもう一度詳しく復習します。まず，「メールでフォームを送信」の下の「＋名前、メールアドレス、グループを入力します」というテキストボックスにカーソルを合わせると，図 2.50 が表示されます。「メールでフォームを送信」のテキストボックスの中に，回答をお願いしたい相手のメールアドレスを入力します。複数のアドレスを入力する場合には，半角カンマ (,) で区切ります。その下の「件名」と「カスタム メッセージ」は，それぞれメールの件名と，メール本文に表記される内容です。「件名」にはあらかじめフォームのタイトルが入力されていますが，任意の件名に変更することが可能です。「カスタム メッセージ」には，第 3 章で学習するようなアンケート協力依頼文やアンケート前文に相当する内容を記すとよいでしょう。なお，「フォームの説明」として入力している内容は，対象者に送信されるメールの本文冒頭に必

ず記載されます。

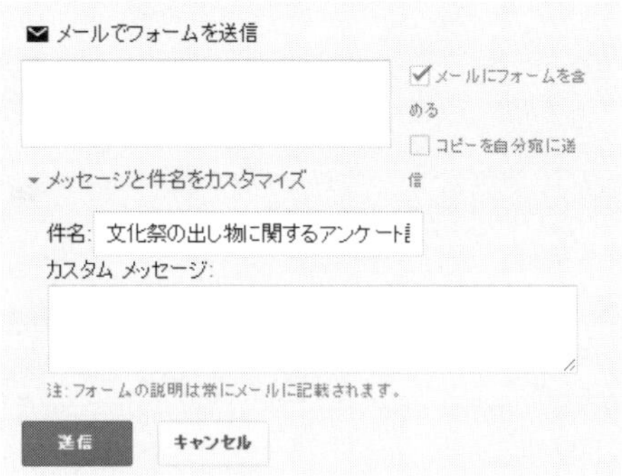

図 2.50 メールでフォームを送信

また,「メールにフォームを含める」というボックスがオンになっていると, 1.9節の図 1.12 のように, メール本文にフォームの 1 ページ目が表示されます. もし, このチェックが外れている場合には, 送信されたメールの本文は図 2.51 のようになり, 回答者は URL のリンクをクリックし, オンラインで回答することになります.

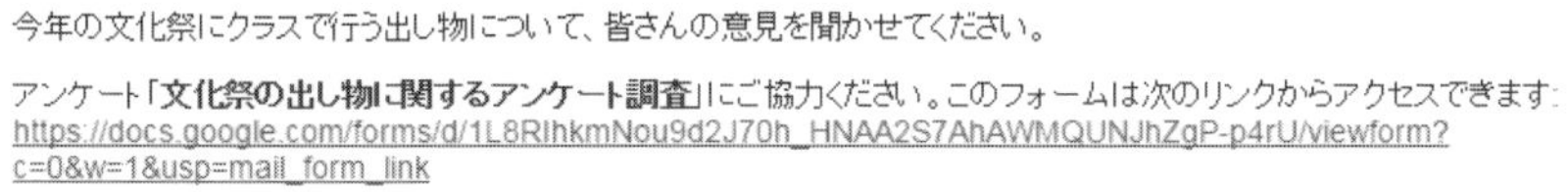

今年の文化祭にクラスで行う出し物について, 皆さんの意見を聞かせてください.
アンケート「**文化祭の出し物に関するアンケート調査**」にご協力ください. このフォームは次のリンクからアクセスできます:
https://docs.google.com/forms/d/1L8RIhkmNou9d2J70h_HNAA2S7AhAWMQUNJhZgP-p4rU/viewform?c=0&w=1&usp=mail_form_link

図 2.51 メールにフォームを含まない場合

「コピーを自分宛に送信」というチェックボックスをオンにすると, 回答者が回答を送信した後に, 自身の回答を表示した確認メールが回答者宛に届きます. もし,「確認ページ」で「回答者に送信後の回答の編集を許可」していれば, 確認メールで「回答を編集」というリンクをクリックすると, 回答を編集するための画面に移動します. 回答を編集した後に再び送信すると, 図 2.48 の確認フォームから回答を編集した場合と同様に, 変更内容が回答を保存しているスプレッドシートや「回答の概要」に反映されます.

以上の手順で,「メールでフォームを送信」画面にて,「送信先メールアドレス」,「件名」,「カスタム メッセージ」を入力し, 適宜チェックボックスをオンにしたら,「送信」ボタンをクリックします. これで, 作成したフォームの送信が完了です.

フォームをアンケート対象者に送信するためには, 上述の手順の他に, 図 2.49 の「共有するリンク」に表示されている URL を直接選択, コピーして, メール本文に

[^8] メールの具体的な文例については3.3節および3.4節を参照してください。

[^9] フォームのリンクを印刷して配布，または郵送等行う場合には，URLを直接示す他に，生成したURLをもとにQRコードを作成して記載するという方法もあります。QRコードは，インターネット上で配布されているソフトを利用して簡単に作成することが可能です。

[^10] goo.gl/formsではじまるURLに短縮されます。

貼り付け，適切な協力依頼文や前文を添えたメールを作成する[^8]，という方法もあります[^9]。このとき，「共有するリンク」として生成されているURLは非常に長いため，「短縮URL」のボックスをオンにすることで，より簡潔な短縮URL[^10]を生成し，利用することができます。こうして新たに生成された短縮URLは，もとのフォームのリンクとまったく同じものを指すので，この短縮URLをメール本文に貼り付けて利用します。元のURLに戻すには，チェックをオフにします。なお，一部の欄があらかじめ入力されたフォームをアンケート対象者に送信したい場合には，先述した手順で入力済みのフォームのURLを取得し，それをメール本文に貼り付けて対象者に送信しましょう。

また，ウェブサイトやブログ等にフォームを埋め込むためのHTMLを生成することもできます。ウェブサイトやブログ等にフォームを埋め込む場合には，図2.49から「埋め込む」を選択します。すると，図2.52に示したように，HTMLが生成されます。あるいは，図2.53に従って，「ファイル」メニュー，「埋め込む」の順にクリックしても図2.52となります。このHTMLをサイトやブログ等に貼り付けることで，そこからフォームのリンクに対象者を誘導することができます。図2.49の「リンクの共有方法」において，各種SNSのアイコンをクリックすると，それらのSNSを通して，作成したフォームのリンクを共有することもできます。

図 2.52　フォームの埋め込み

図 2.53　ファイルメニューから「埋め込む」

◎　**2.2.4　フォームの共同編集**

　図 2.49 において，「このフォームに他の編集者を招待するには、共同編集者を追加します。」の"共同編集者を追加"という部分をクリックすると，作成したフォームを何人かで共有し，共同で編集を行うことが可能になります。「共同編集者を追加」をクリックしたら，「ユーザーを招待」のテキストボックスに，共同編集者とする人のメールアドレスを入力し，「送信」ボタンをクリックします。なお，Google フォームを共同編集者と共有すると，その共同編集者は，フォーム作成者とまったく同様に，フォームにいかなる変更でも加えることが許されます。

§2.3　● 回答の確認と管理

　フォームを作成して送信すると，回答者から回答が返信されます。返信された回答の保存先の設定については，前節の最初に説明しました。本節では，収集した回答データの確認方法や編集方法について解説します。

◎　**2.3.1　回答の削除**

　前節で説明したように，回答を収集し保存する際，スプレッドシートに送信するか，あるいはフォームのみに保存するかを選択することができました。フォームの回答をスプレッドシートに送信して保存した場合，Google ドライブ内には，フォー

ムと，それに関連付けられたスプレッドシートが存在します。これらフォームとスプレッドシートの組み合わせについては，Google ドライブ内からいずれか一方をいつでも削除することができます。ただし，いずれか一方を削除すると，もう一方を削除することはできなくなることに注意が必要です。フォームを削除した場合には，関連付けられているスプレッドシートは削除されず，そのスプレッドシートに収集された回答もそのまま残ります。一方で，回答が含まれたスプレッドシートを削除した場合には，元のフォームは削除されず，フォームの回答は引き続き保持されます。一度スプレッドシートのみを削除し，その後，新しいスプレッドシートに回答を収集するように設定した場合，削除したスプレッドシートに含まれる以前の回答もすべて新しいスプレッドシートに送信され，保持されます。

　スプレッドシートに回答を保存する方法を選択した場合でも，回答のコピーがスプレッドシートに送信されているのであり，フォームには常にすべての回答が保持されています。したがって，スプレッドシートで回答を編集し，データのいくつかを削除したとしても，フォームのもとの回答は上書きされません。

　収集した回答データをすべて削除するためには，図 2.41 の「回答」メニューから，「すべての回答を削除」をクリックします。この操作を行うと，フォーム内のすべてのデータが削除されます。ただし，回答がコピーされているスプレッドシートからは削除されません。

◎ 2.3.2　フォームのリンク解除

　もし，互いに関連付けられたフォームとスプレッドシートの両方を削除したい場合には，フォームとスプレッドシートとのリンクを解除する必要があります。「回答」メニューから「フォームのリンクを解除」をクリックすると，図 2.54 が表示されます。さらに図 2.54 の「リンクを解除」をクリックすると，フォームとスプレッドシートを関連付けているリンクが解除され，それ以降に回答者から送られてくる回答がスプレッドシートに送信されなくなります。ただし，リンクを解除して以降の回答も Google フォーム内には保存され続けるため，「回答の概要」を表示したり，CSV 形式のファイルとして回答のデータをダウンロードしたりすることはできます。

　リンクの解除は，必ずしもフォームとスプレッドシートの両方を削除したいとき

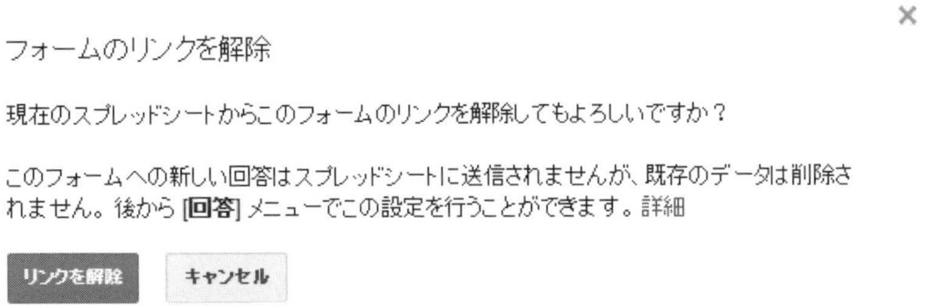

図 2.54 リンクの解除

だけに行うのではなく，リンクを解除することで，フォームのみに回答を保存する方法を選択している状態に戻しているということです．フォームとスプレッドシートのリンクは，「回答」メニューから，前節で述べた手順に従って「回答先を選択」の設定をやり直すことでいつでも再開できます．一度リンクを解除した後に再開しても，リンクを解除していた間に収集した回答が失われたり削除されたりすることはありません．

◎ 2.3.3 回答の概要表示

回答データは，「回答の概要」，CSV ファイルのダウンロード，スプレッドシートに保存する方法を選択している場合にはスプレッドシート，という 3 つの方法で確認することができます．「回答の概要」を表示させる方法，および CSV 形式のファイルとして回答をダウンロードする方法については，既に前節で説明した通りです．

第 1 章の最後に示したように，「回答の概要」では，回答データがグラフにまとめられて出力されます．このように，グラフを用いて視覚的にデータのもつ性質や傾向を示すことを**図的要約**といいます．以下では，「質問の形式」の違い別に，回答データがどのようなグラフで要約されているのか見ていきます．ただし，「質問の形式」が「テキスト」，「段落テキスト」，「日付」，「時間」の場合には，「回答の概要」においてグラフによる要約はなされないため，ここでは説明を省略します．

「ラジオボタン」と「リストからの選択」の場合には，**円グラフ**が描かれます．円グラフは**パイグラフ**とも呼ばれ，全回答者の中で，それぞれの選択肢を選んだ人が何人いたかという情報を比率[10]で表し，その大小を角度の大小に対応させて表現したグラフです．例として，リストからの選択により，図 2.17 のフォームを用いて

[10]比率の詳しい説明については，第 4 章を参照してください．

回答を収集した結果としての円グラフを，図 2.55 に示しました。

リストから選択の例

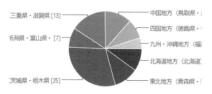

図 **2.55** リストからの選択の結果の概要

「チェックボックス」，「スケール」，「グリッド」では，**棒グラフ**によって回答結果が示されます。棒グラフは，選択肢ごとの選ばれた数や比率を表示するために用いられるグラフであり，棒が横軸に対して平行に伸びる横棒グラフと，棒が横軸に対して垂直に伸びる縦棒グラフがあります。「回答の概要」では，「チェックボックス」と「グリッド」の場合には横棒グラフが，「スケール」の場合には縦棒グラフが用いられます。なお，「グリッド」の結果の概要では，各列が選択された回数について，1 行につき 1 つの横棒グラフが作成されます（図 1.14 参照）。例として，図 2.56 と図 2.57 にはそれぞれ図 2.14 と図 2.20 のフォームを用いて回答を収集した結果としての棒グラフを示しました。

「回答の概要」の最後には「1 日の回答数」として，1 日ごとの回答数の変移が図 2.58 のように**折れ線グラフ**で表現されています。折れ線グラフは，数値の時系列的な変化を表すために用いられます。

チェックボックスの例

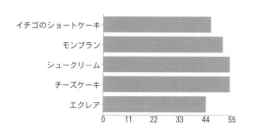

図 **2.56** チェックボックスの結果の概要

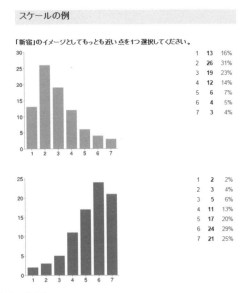

図 2.57　スケールの結果の概要

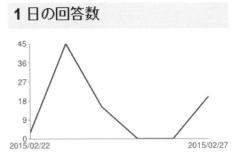

図 2.58　「1 日の回答数」の折れ線グラフ

◎ 2.3.4　回答受付の停止

　回答の収集がすべて終了したら，図 2.59 に従って「回答」メニューから「回答を受付中」をクリックすることで，フォームによる回答の受付を終了します．ツールバーのボタンが「回答を受付中」から「回答を受け付けていません」に変わり (図 2.60)，フォームの最上部に図 2.61 が表示されます．回答の受付終了後に対象者が当該フォームの URL にアクセスした場合には，図 2.61 のテキストボックスに記されているメッセージが表示されます．テキストボックスを編集することで，回答の受付終了後に対象者がフォームにアクセスした際のメッセージを変更することがで

きます。

　また，一度回答の受付を停止しても，いつでも再開することが可能です。フォームへの回答の受け付けを再開する場合には，「回答」メニューから図 2.60 の「回答を受け付けていません」というボタンをクリックして「回答を受付中」に切り替えます。

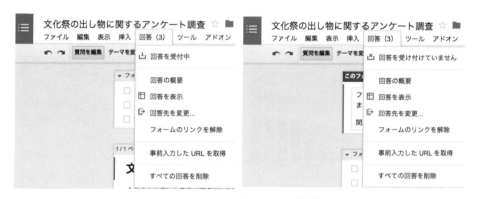

図 2.59　回答受付の停止　　　　　　図 2.60　回答受付の停止を実行したあと

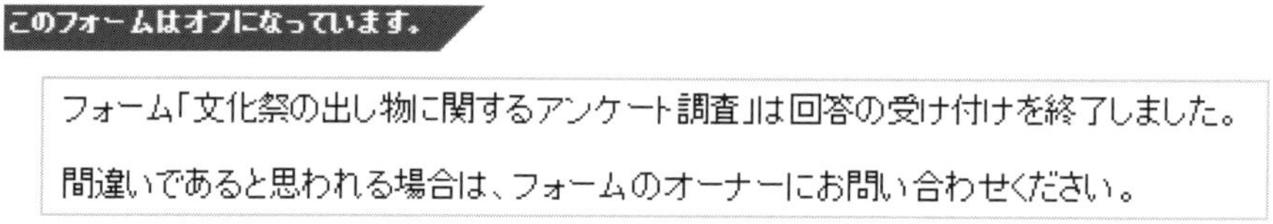

図 2.61　回答の受付終了を知らせるメッセージ

　第 1 章，第 2 章までで，Google フォームの使い方を一通り学習しました。第 3 章以降では，Google フォームというツールにとらわれず，アンケート調査を企画・作成・実施する際に必要となる知識や注意点，結果として得られたデータを集計および分析するための統計的方法について，丁寧に解説していきます。

■ 文献

Google ドキュメントエディタヘルプセンター．作成、編集、書式設定を行う
https://support.google.com/docs/topic/6063584?hl=ja&ref_topic=1360904

Google ドキュメントエディタヘルプセンター．フォームの回答
https://support.google.com/docs/topic/6063592?hl=ja&ref_topic=1360904

Chapter.3 アンケート調査の企画

　アンケート調査はとても身近なものであり，気軽に利用することができます。しかし，正式に利用する場合には，思いつくままに項目を列挙しても，効果的な結果を得ることはできません。手順を踏まえてアンケート調査を実施することで，有用な結論を引き出すことが可能となります。本章では，アンケートの実施に至るまでの手順について説明します。

§3.1　調査のはじまり

　調査は，私たちが興味や関心を持った出来事（事象ともいいます）についての性質や原因をいろいろな視点から解明しようとする活動です。アンケート調査を実施する際のプロセスの概要を次に示します。

1. 調査テーマと調査仮説の設定
2. 項目内容の収集（項目の作成）
3. アンケートの構成
4. アンケート対象者への連絡
5. 予備調査（アンケートデータの集計・分析）
6. 本調査
7. レポートの作成

なお,「項目の作成」を行うときには第4章を参照してください。また,「アンケートデータの集計・分析」に関しては第5章以降でそれぞれ章を分けて説明します。

◎ 3.1.1 調査テーマの設定

まずは,どのような事象を調査するのか,調査テーマを決めることから始めます。積極的な関心や問題意識を持つことができて,さらには楽しく真剣に取り組める事象をテーマとすることを考えましょう。

ここで,調査テーマを「事象Aは事象Bが原因となって生じる」のように具体的な事象間の関係性として設定する必要はありません。たとえば調査を行うテーマは「なぜ自分の学校の文化祭の集客数は毎年,少ないのだろうか」といった大きな枠組みで構いません。

調査テーマを決めた後は,さまざまなメディアを利用してテーマに関する情報を収集します。ここでは,調査テーマの範囲を定めることが重要です。

この際,アンケート調査で扱うテーマの性質と,アンケート対象者の対応関係に気をつけましょう。〇〇高校の意識調査を行うときに数人の2年生の女子生徒だけにアンケート調査を実施し,その結果を高校全体の結果として扱うわけにはいきません(結果の過度な一般化といいます)。アンケートを実施する際には,対象とする人びとが,集団全体を代表しているかに注意し,対象となる集団の構成員のバランスがとれるように対象者を集めましょう。

またアンケート調査の場合には,集団のごく一部においてのみ見られる事象ではなく,調査対象となる人びとに広く共通した事象(状態,行動,態度)を調べることが前提となります。事象について,個別の調査対象の特性が深く関わるようなテーマは,アンケート調査よりもインタビュー調査などに適しています。ある製品の発売直後に,その製品の感想を求めても,熱狂的なファンの感想が得られるだけかもしれません。「熱狂的なファンの感想」を調べるのでなければ,発売から期間をあけて感想を調査するとよいでしょう。

◎ 3.1.2 調査仮説の設定

調査計画を立てる際には,テーマを設定したときに抱いた問題意識を,アンケート調査に適した形に整える必要があります。この段階では調査テーマを具体的な言

葉で説明できるようにします。これを調査仮説の設定，あるいは調査仮説の定式化といいます。ここで調査仮説とは，調査によって確かめようとしている，事象Aと事象B間の関係を指します。

たとえば先ほどの「なぜ自分の学校の文化祭の集客数は毎年，少ないのだろうか」という問題意識からは，「集客できない（事象A）のは出し物に魅力がない（事象B）からだ」，「集客できない（事象A）のは日程が悪い（事象B）からだ」などの仮説を設定できるでしょう。事象間の関係を調べるために調査を行う場合には，3.2.2項の記述的調査の観点から調査を行います。

調査仮説を立てる際には，テーマへの興味や意見（たとえば「集客数の少なさは"問題だ"」）を調査仮説として設定することはできません。アンケートで直接明らかにすることができるのはアンケートの対象となる事象（ここでは「望ましい日程」，「催しの魅力」）が，どの程度，量的に観察されるのか，ということであり，事象が良いとか悪いといった判断はアンケート結果に対する考察によって引き出されます。

また，調査仮説を立てる際には，事象間の時間的関係にも注意しましょう。「BならばAである」というとき，それは一時点においての（これを横断的ともいいます）事象間に関する調査仮説ですので，一時点の調査で関係の程度を測ることができます。一方で，「Bが生じるとAも生じる」や「Bが起こることでAが起こる」というとき，それは二時点以上における（縦断的といいます）事象間の仮説となり，調査も，少なくとも二時点以上で事象間の関係を測定する必要があります。

「生活習慣が規則正しい（事象B）と人は風邪をひかない（事象A）」という調査仮説は一時点的な関係を表しています。この調査仮説では事象間に原因と結果という関係はありません。

一方で，「生活を規則正しくすると，風邪をひかない」という言葉は「生活を規則正しく（事象B）」すると，「風邪をひかない（事象A）」という原因と結果に関する調査仮説となっています。この場合，二時点的な関係となります。

調査仮説の生成

調査仮説を作りにくい場合もあるかもしれません。この場合は，先に，後述の「記述調査」におけるトップダウン方式やボトムアップ方式で行うと調査仮説を作りやすくなります。

§3.2 項目内容の収集

　調査テーマと調査仮説を設定した後は，アンケートを構成する項目形式の決定と「項目内容の収集」に入ります。項目形式は，データの分析手法や調査目的から自ずと定まる場合もあります。また，調査テーマに関する先行研究が存在し，その結果との比較を行いたいときには，項目形式と内容は比較できるように，先行研究と共通させましょう。

3.2.1 項目形式

　項目の形式は，大別してプリコード式項目と自由記述式項目に分けられます。Googleフォームの「質問の形式」では「ラジオボタン」，「スケール」，「グリッド」，「チェックボックス」や「リストから選択」はプリコード項目に分類されます。一方で「テキスト」と「段落テキスト」は自由記述式項目に分類されます。

　プリコード式項目では属性や意見に関して，あらかじめ用意した選択肢を提示し，その中から回答者が当てはまると思うものを選択してもらいます。選択肢を提示する場合には，互いに内容が被らないようにし，なおかつ可能な限り網羅的であることが重要です。

　自由記述式項目とは，回答者が文章，あるいは単語で回答する形式（短答式）の項目を指します。勉強時間を数値で回答するよう求めたり，具体的なアルバイト先を尋ねたりなど，選択肢を網羅的に設定することが難しい場合にも用いられます。自由記述式項目は，プリコード式項目と比較して，調査者の想定しなかった視点からの回答が得られる可能性があります。

　プリコード式の選択肢を網羅的に設定することが難しいときには，自由記述式とあわせて項目を作成します。たとえば，選択肢の最後に「その他」という選択肢と短い記述用のスペースを設け，「その他」を選択した回答者にはその内容を具体的に書いてもらいます。

　また，ある事柄について思い出し，詳細に回答を求めることは回答者にとって大きな負担となることもあります。負担を軽減するためにはアンケートの目的に照らし合わせて，必要以上の情報を質問することは控えましょう。

◎ 3.2.2　アンケート調査の種類

　アンケート調査は目的に応じて，記述的調査と説明的調査の 2 つに分けることができます。行おうとしている調査がどちらであるのか検討することで，項目内容の収集に役立てることができます。

記述的調査（仮説導出型アンケート）

　調査テーマとなった事象に関わる事実の量的な把握を通じて，事象の実態を明らかにするために行う調査を記述的調査と呼びます。アンケート調査は一般的に調査仮説があることが望ましいのですが，記述的調査では必ずしもそれは必要ではありません。アンケート結果から調査仮説を組み立てる場合はこちらに分類されます。そのためには調査テーマに関連すると推測される事柄を余さず列挙し，質問します。

　このように，たとえば「□□高校の生徒の，受験に対する考え方は○○である」ということを明らかにするために行う調査が記述的調査です。

　項目内容の検討方法にはトップダウン方式とボトムアップ方式があります。トップダウン方式は，事前にどういった項目内容が調査テーマについて適しているか，わかっているときに効果的です。調査テーマに関して，できるだけ漏れがないように，大枠となる見出し項目（観点）を挙げていきます。十分な見出し項目が集まった後に，それぞれの見出し項目に含まれる具体的な個別の項目を作成していきます。

　たとえば「受験」というテーマに対して，「一般入試」「推薦入試」「AO 入試」という見出し項目を考えたとします。見出し項目にぶら下がる形で，「一般入試：選抜試験にふさわしいと思う」や「一般入試：学力という一面的な評価である」，「推薦入試：一般入試組と入学後の学力に差がでる」，「AO 入試：評価基準が一貫していない」などのように項目候補を挙げていきます。

　ボトムアップ方式では，テーマに即した適切な項目内容が分かっていない場合に効果的な方式です。この場合は上記のトップダウン方式の個別の項目内容を考えます。調査テーマに関する項目候補を考えられる限り列挙し，観点を余すことなく挙げることを目指します。項目候補が十分に集まったと判断したら，各項目の関係性を考慮して，項目の統廃合を行います。最後に，項目群の項目内容を考慮して，見出し項目「一般入試」や「推薦入試」を名付け，見出し項目間の関係を考察します。

　図 3.1 にトップダウン方式とボトムアップ方式の概念図を示しました。これらの

方式は組み合わせて実施することもできます。ボトムアップ方式によって項目候補を挙げている途中に，トップダウン方式のように，見出し項目を思いつく場合もあるでしょう。そこから見出し項目にぶら下がる形で項目を考えても構いません。項目内容が定まると，そこから調査仮説が生まれてくる場合があります。

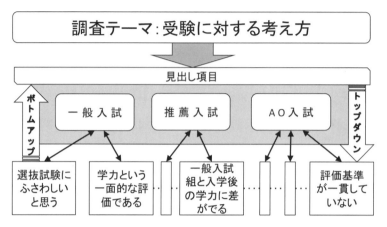

図 3.1 トップダウン方式とボトムアップ方式

説明的調査（仮説検証型アンケート）

　調査テーマとなった事象が起こる理由を説明するために，事象の背景を明らかにすることを目的として行われる調査を説明的調査といいます。この場合，何を聞くのかよりも先に，テーマとなった事象に対してどのような調査仮説を立てるのかを自らの中で固めなければなりません。

　たとえば「□□高校の生徒の，大学受験に対する考え方」というテーマから「□□高校の生徒の，大学受験に対する考え方が楽観的（事象A）」であり，これは「付属大学の存在（事象B）」によって引き起こされているという調査仮説を立てたとします。これを確かめるための調査が説明的調査です。

　具体的な項目内容は，調査仮説（たとえば「事象A（受験に対する楽観的な考え方）は事象B（付属大学の存在）によって引き起こされる」）に沿って収集されます。「付属大学が魅力的である」，「大学の違いに大きな意味はない」などのように作れるでしょう。説明的調査のアンケート結果からは，調査仮説が支持されるかどうかを考察します。調査仮説は，調査による検証が可能であるように立てることが必要です。そのため，回答結果と対応付けられるように，事象Aと事象Bを言葉で説明し

てそれらの内容と関係を理解しておきましょう．

　調査仮説が「付属大学の存在（事象 B1）」の他に，「受験に対する考え方が楽観的（事象 A）」なのは，「就職希望者が多いからである（事象 B2）」や「推薦入試の人数が多いからである（事象 B3）」のように，あらかじめ複数個，考えられる場合もあるでしょう．この場合は，一般的にはそれぞれの仮説に対応した項目を混合した調査票を作成し，1 回のアンケートで複数の仮説を検証します．

　概念的な事柄について回答を求めたい場合には，項目の意味内容を小さな単位に分割し，それぞれの項目の回答結果から知りたい概念を再構成するように工夫するとよいでしょう．「母親との仲は良いですか」と質問をしても人によって仲の良さの概念は異なります．この場合は，趣味や嗜好，行動や意見の一致の程度を表す，いくつかの具体的な事実に分割して質問し，回答の観察された程度から，「仲の良さ」を再構成します．以下の調査設定例で見てみましょう．

◎ 3.2.3　調査設定例：「母娘の仲良し度調査」

　ひな子さんは，お母さんと日頃より，よく買い物に出かけます．とくに毎週末，必ずといっていいほどウィンドウショッピングに一緒に出かけますし，お揃いの洋服も持っています．

　こうした様子に対して，周囲の友達からは「本当に仲がいいね，なかなかいないよ」とよく言われますが，ひな子さん自身にとっては当たり前の生活だったため，いまひとつ友達の言葉に実感が湧きません．逆に他の友達は自分たち母娘ほど仲が良くないのか心配になってしまいます．ひな子さんはだんだん，周りの友達は母親に対してどのような態度，行動をとっているのか，自分が周りと比べてそれほど特殊なのか，知りたい気持ちになってきました．

　そこで，「母娘間の仲の良さ」という現象をテーマとして，アンケート調査を行い，どれだけ「仲の良さ」を表す事象が観察されるのか，調べてみようと思い立ちました．

　ひな子さんは，調査テーマに対して，「趣味や行動に共通性が高ければ，母娘間の仲が良い」という仮説を立てました．これは一時点的な調査仮説ですので，調査も一時点とし，この調査仮説を基として質問項目を作ることにします．項目形式は量的評価がしやすいように，プリコード式とし，記述的調査を行うことにします．

ひな子さんは友達から「仲が良い証拠だ」と評された自身とお母さんとの行動を列挙しました。また、お父さんをはじめとする周囲の親族から、自分たち母娘の仲の良さの表れと思える行動、態度を聞き集め、トップダウン式に項目内容を収集していきました。

見出し項目としては、「信頼度」、「意見の一致」、「行動の一致」を考え、ここから、次のような項目内容を考えました。

- 母親と一緒に出かけることが多い
- 恋愛相談を母親にする
- 自分のことは放っておいて欲しいと母親に思うことがよくある（逆転項目）
- 母親とお揃いの物を買うことがよくある
- 母親と仲が良いと周囲から思われることは恥ずかしい（逆転項目）
- 食べ物の好みが母親と似ている
- 母親に嘘をつくことに罪悪感を感じる
- 家事等、母親の手伝いをすることが好きだ
- 母親と共通の趣味を持っている
- 困ったとき、母親に助けて欲しいと思うことがある

逆転項目とは、得点が高いほど仲が悪いと解釈するような内容の項目です。逆転項目をアンケート中に含ませることで、回答者が項目内容について吟味せず、いい加減に回答することを防ぎます。

§3.3 アンケートの構成

調査票は、原則としてすべてのアンケート対象者に同じ文章表現を用いたものを配布しましょう。ただし、後述する[*1] 間接質問法などのように、例外もあります。また、項目の提示順序はキャリーオーバー効果を避けるためにランダム化されることがあります。

[*1] 4.2節で詳しく説明します。

Google フォームではアンケートのデザインを選ぶことができますので、好みや調査内容に合ったデザインを選択するのもよいでしょう。次のリストに、アンケートの構成例を示します。

1. 調査票題目
2. 前文
3. 質問項目
4. 属性項目

属性項目はフェイス項目，あるいはデモグラフィック項目とも呼ばれ，回答者に性別，年齢，職業などの属性情報を質問する項目のことを指します．属性項目を設定する際には，回答者のプライバシーに配慮して，分析に必要な情報だけを得るようにしましょう．

調査票題目

調査票の題目は，アンケート内容がわかりやすく伝わるような言葉を使います．ただし，回答傾向への影響が小さくなるような題目をつけることが望ましい場合があります．たとえば，飲酒と危険運転に関する調査をしたい場合に「飲酒運転の危険性に関する調査」という題目を提示すると，回答者ははじめから社会的に望ましくない回答を避けるよう注意して調査に臨むかもしれません．題目が回答傾向に影響を及ぼすことが予想される場合には，「飲酒時の行動に関する調査」のように，その影響を軽減するような題名をつけましょう．

◎ 3.3.1 アンケート前文

前文では，アンケート回答者の不安を軽減するために，調査の概要を説明します．また，デリケートな内容について質問する場合には，回答を途中で中断してもよいことも述べるとよいでしょう．前文には以下の内容を記述します．

- 調査票題目
- アンケート実施者・団体・機関
- アンケート内容の概要
- 質問項目がデリケートな内容の場合には回答しない権利の保障
- 個人情報保護・属性項目の処理方法
- アンケート協力への同意確認

アンケート協力への同意確認

　インターネット・アンケート調査では，多くの場合，実施者が回答現場に同席しておらず，口頭で説明することはできません。ですから，アンケート対象者が判断するために必要十分な情報を事前に提供，説明し，アンケートに対する理解，納得，同意をしてもらう必要があります。調査協力への同意確認は，専用の回答欄を設けるのではなく，回答の送信で代替する場合もあります。倫理的な配慮に関しては3.6節を参照してください。

◎ 3.3.2　項目の配列順序

　項目内容が定まった後は，項目をアンケートの適当な場所に配置し，1つのアンケートを構成します。このとき，項目は漠然と配置するのではなく，細かい配慮や工夫をすることで，回答の質を高めることが可能となります。

回答負荷の軽減

　アンケートへの回答は強制されて行われるものではなく，対象者の自発的な協力が必要不可欠です。そのためには対象者が回答しやすいようにアンケートを構成する必要があります。

　まず，アンケートの冒頭には，対象者の意欲や関心を高めるために回答しやすい項目を配置することが効果的です。一方で，センシティブな質問は項目群の後半に配置するなど，回答の難易度によって配置順序を考慮しましょう。属性項目は，はじめにプライバシー情報を回答させることへの心理的抵抗を減らすために，アンケートの最後に回答を求めることがあります。

　関連性の低い項目を行き来すると，回答中に注意がそれてしまうことがあります。これを防止するためには質問内容の関連性が高い項目を近くに配置することが有効です。関連性が高い項目をまとめることで，回答者が質問内容をより正確に理解する手助けをすることができます。結果として回答の質が高まることも期待されます。こうした項目のまとめのためには，見出し項目単位で分割して配置し，各群の見出しや質問の目的を記述することも効果的です。

　ただし，質問内容に意味的な重複が多い場合には，項目同士の統廃合や，アンケート内の離れた場所に配置することを検討しましょう。類似した質問に対して回答を

繰り返し求めることは，対象者の回答意欲を低めるだけでなく，回答内容に影響を及ぼす可能性もあります。

アンケートでは，互いに似た質問項目であっても，それぞれ区別される概念を測定するために，双方を同じアンケートに含める場合があります。このような質問はできるだけ離れた配置とすることも検討しましょう。ただし，項目をまとめて提示し，回答者の見通しをよくすることとは反対の操作になりますので，両者のバランスをとることが重要です。

項目によっては，アンケート対象者全員に回答を求める場合と，ある条件の該当者のみに回答を求める場合があります。このような項目を**ろ過項目**（**スクリーニング項目**）と呼びます。アンケート中にろ過項目が含まれる場合，一部の回答者は項目を無視して先の項目に進む手続きが必要となりますから，その際に回答欄の誤りが起こらないように，項目の配置，進むべき質問項目の案内，説明には気を配りましょう。Google フォームにはろ過項目への回答内容に応じて，次に提示する質問項目を変更する機能がありますので，ぜひ利用してください。

回答選択肢の提示順序

項目の提示の際には，その項目の回答選択肢の順序にも配慮が必要な場合があります。選択肢は冒頭，もしくは末尾に示されたものが目につきやすく，反射的に選ばれやすい傾向にあります。そのため，もともと選択されやすい傾向にあることが予想される内容の選択肢に関しては，必要であれば選択肢の初頭や末尾を避けることを考えましょう。ただし，調査項目の再利用を行う際に，選択肢の順序を変更する場合には，回答結果の比較可能性を失わないように注意しましょう。

キャリーオーバー効果

前方に配置された項目への回答が，後の項目に対する回答傾向に影響を与えることを**キャリーオーバー効果**といいます。前の項目への回答に影響され，後の項目への回答が同じ傾向を示すことを**同化効果**，回答傾向の違いがより鮮明となってしまうことを**対比効果**と呼び分けることもあります。

キャリーオーバー効果を防ぐためには，相互に関連しあう項目を離れた位置に配置することや，質問をランダムに提示することが有効です。Google フォームでは，項目をランダムに提示する機能が提供されています。

§3.4　●アンケート対象者への連絡

アンケートが完成した後は，実際に対象者へアンケート（Google フォーム）の URL を送付し，回答を求めます。その際には回答意欲を高めたり，回答の質を保つことができるように工夫します。

◎　3.4.1　アンケート協力依頼文

アンケート調査の実施に先立って，協力を依頼するためのメールをアンケート対象者に送付します。

アンケート協力依頼文は，これから行おうとしている調査がどのような内容なのかを分かりやすく説明します。こうした配慮はアンケートに対する対象者の警戒心を和らげ，安心して回答に臨んでもらえるようにする効果があります。そのためには，アンケート対象者が調査への参加を判断するために必要な情報を依頼時に提供することが重要です。

また，依頼文はアンケート対象者が後から自身がどのような調査に協力したのか，調査およびアンケートに関する情報を確認することを可能とします。

あまりに長い依頼文は，読んでもらえない可能性が高くなります。すると回答への協力が得られなかったり，得られたとしても，いい加減に回答されてしまう可能性が高まります。これを回避するためには，依頼文では，要点をできるだけ簡潔に示し，一目で概観できるように工夫するとよいでしょう。依頼文の構成例を以下に示しました。

- 時候の挨拶
- 実施者（代表者）名と所属
- 調査題目
- アンケート対象者を選んだ理由と手続き
- 質問項目数・回答所用時間の目安
- プライバシーへの配慮
- アンケート結果の発表予定先
- アンケートの URL
- 謝辞・連絡先・謝礼の説明（ある場合）

時候の挨拶

時候の挨拶を述べましょう。

実施者（代表者）名と所属

アンケート実施者，または機関を明らかにします。グループを組んでアンケートを行う場合，少数ならばグループ全員を列挙するのもよいでしょう。その場合は，代表者を明らかにすると親切です。

調査題目（目的・意義）

調査題目を提示します。調査題目はアンケートそのものの題目とかけ離れていないものにしましょう。同時に調査の目的や意義を簡単に説明することで，アンケート協力への意欲を喚起することができるかもしれません。

アンケート対象者を選んだ理由と手続き

対象者を不安がらせないために，アンケート対象に選んだ理由や手続きを簡単に説明するとよいでしょう。

質問項目数・回答所用時間

項目数や所要時間の目安を提示することで，対象者はあらかじめ時間的余裕をもって回答に臨むことができます。

プライバシーへの配慮

アンケートへの協力によって回答者のプライバシーが侵されないことを明確に伝えましょう。

アンケート結果の発表予定先

アンケート結果の外部への発表予定がある場合には，発表時期と発表先を伝えます。

アンケートのURL

回答ページへアクセスするためのURLを記載します。依頼状を郵送や直接配布する場合には，URLが長いと回答してもらえなくなるかもしれません。このとき，URLをQRコード形式で提供すると親切です。

62　第3章　アンケート調査の企画

謝辞・連絡先・謝礼の説明（ある場合）

最後に謝辞や謝礼，代表となる連絡先を示します。

アンケート協力への回答依頼のメール文例

件名：母娘仲良し度に関するアンケートへのご協力のお願い

（本文例）

中間テストを終えて，清々しい気持ちで生活を送られていることと思います。
私は□□高校◇年△組の●●と申します。（あるいはグループの構成員）

この度，私は，総合の学習活動の一貫として，□□高校の○○に関するアンケート調査を進めていくことになりました。

アンケートへの回答をお願いする方は，在籍名簿に記載されている，女性の方の中から無作為に選び出しております。アンケートの項目数は10問，回答所要時間は5分程度を予定しております。

アンケートの結果は，レポートとしてまとめ，学期末の授業内での発表に利用いたします。
回答していただいた内容は統計的に処理し，個人の回答内容が明らかになることはございません。また，プライバシーを厳守し，回答結果の目的外の利用はいたしません。

調査にご協力いただける方は，下記のURLアドレスをクリックしていただきますと，アンケートが画面上に表示されます。
　（アンケートへのURL）

ご多忙のところ誠に恐縮ではございますが，以上の主旨をご理解いただき，何卒アンケートにご協力くださいますようお願い申し上げます。

所属・氏名
連絡先（メールアドレス等）

◎ **3.4.2 リマインダー**

　アンケートを送付してから一定期間経過後，回答数が目標とする数まで集まらなかった場合，未回答のアンケート対象者に**リマインダー（再喚起）**を送り，回答を再度依頼することがあります。これは**フォローアップ・コンタクト，リマインド**ともいわれます。

リマインダー文面

　アンケートはあくまで実施者側の都合で対象者を選びだして，回答を求めるものですから，対象者に対して回答を強制することはできません。リマインド文面はできるだけ丁寧に依頼しましょう。実際に送付する際の件名には「リマインド」や「再依頼」等の単語を入れると良いでしょう。

　リマインダーは原則として未回答の調査対象者のみに送付します。回答が匿名で行われ，個別の回答状況が分からない場合には，既に回答した人をも含めて，すべてのアンケート対象者にリマインダーを送付します。

　リマインダーの送信先に，回答者と未回答者を含む場合は，まず回答済みの人宛てに，協力へのお礼を述べます。その後，未回答者に対して，アンケートへの協力を再度お願いしましょう。その際には，未回答者のみを対象としていることを強調しましょう。

　初回の依頼をメールによって行った場合には，対象者が既にメールを破棄していたり，他のメール内から探し出さなければならない場合があるため，改めてリマインドメール文内にアンケート（Google フォーム）の URL も付記しておきましょう。

リマインド時期

　リマインドは，多くとも二度までにしましょう。目安として締め切りの数日前か，締め切り直後に行うと効果的です。

リマインダーのメール文例

件名:【再依頼】 母娘仲良し度アンケートへのご協力のお願い

(本文例)

秋に入り，朝夕は過ごしやすい季節となりましたが，いかがお過ごしでしょうか。
私は□□高校◇年△組の●●と申します。
現在，私は「母娘の仲良し度」に関するアンケート調査をすすめております。
調査の一過程として▲月◎日に，在籍名簿に記載されている，女性の方の中から無作為に選びだした皆様に，私たちが調査を行っているテーマに関するアンケートへのご協力依頼をメールでお送りいたしました。

この度は，私のアンケートにご回答してくださったことにつきまして，厚く御礼申し上げます。

アンケート調査では，できる限り多くの方がご回答してくださることが大変重要です。大変お忙しいとは存じますが，まだ回答がお済みでない場合には，ぜひともご回答くださいますようお願い申し上げます。項目数は10問，回答時間は5分程度を予定しております。
調査の結果は，レポートとしてまとめ，授業内での発表に利用いたします。

ご回答いただいた内容は個人が分からないように処理し，厳重に管理いたします。また，目的外の利用はいたしません。

ご依頼のメールを紛失された場合は，アンケートへの回答は下記のリンクから行うことができます。
(アンケートへのURL)

所属・氏名
連絡先（メールアドレス等）

◎ 3.4.3 調査協力へのお礼

アンケートに回答してもらった人に対しては，お礼のメールを送付します。謝礼の品を贈呈する場合もあります。一般的な謝礼に関する決まりはありませんが，謝礼として，お礼の言葉とともにアンケート結果，もしくはその概要のレポートを送付すると喜ばれます。レポートの具体的な内容に関しては3.7節を参照してくださ

い。お礼のメールは回答を受け取ったのちや，レポートを送付する際に送信します。

お礼のメール文例

件名：母娘仲良し度アンケートご協力へのお礼

（本文例）

師走となり，何かと気忙しい時期となりましたが，いかがお過ごしでしょうか。
□□高校◇年△組の●●と申します。
先日は，私の調査，「母娘の仲良し度」アンケートにご協力いただき，大変ありがとうございました。

ご協力へのお礼に代えて，調査結果の概要をご送付いたします。調査結果に興味をもっていただけましたら幸いです。

調査結果に対するご質問，ご不明な点がございましたら，お手数とは存じますが下記の連絡先までお報せください。

所属・氏名
連絡先（メールアドレス等）

◎ 3.4.4 問い合わせ対応

　依頼文を送付すると，アンケート対象者からの問い合わせが届くことがあります。質問が予想されるものについては，あらかじめ応答する内容を作成しておくことで，対応時の手間や混乱を軽減することができます。回答を強制するものではないことや，何のための調査なのか，対象者として選んだ理由などが，問い合わせとして発生しないように，依頼文中に明記しておくとよいでしょう。
　問い合わせに対しては，アンケートに興味を持ってもらったことに対するお礼を述べ，対応者の氏名や，どういった立場で調査プロジェクトへ関わっているのかを伝えましょう。
　対象者からの問い合わせ内容が類似している場合には，それぞれの対応に差が出ないように気をつけましょう。特にグループで調査を行う際には，問い合わせ内容とその対応方法について情報を共有するとよいでしょう。

アンケート協力拒否の連絡の場合には，可能であれば，拒否の理由を聞いてみましょう。アンケート内容やアンケート実施方法において省みるべき問題点を洗い出すヒントとなります。また，述べられた理由に対応する説明を行い，協力の必要性を述べましょう。それでも拒否された場合には，お詫びとお礼を述べ，その後のリマインダーの送付は行わないように配慮します。

§3.5 予備調査

実際に調査を実施する前に，アンケート対象者内から少人数を選び出して，アンケートに回答してもらうことを予備調査といいます。

◎ 3.5.1 予備調査の目的

予備調査では，アンケートの欠陥や，回答の難易度，回答時間に無理がないかを本調査に先立って確認します。難しすぎたり，長過ぎるアンケートは回答者の疲労を招き，回答の質の低下や，回答の中断，回答拒否へと繋がる可能性があります。

どれだけ綿密に計画したとしても，実際に調査を行ってみると，思った通りにはいかないことが起こるものです。予備調査を行うことで，本調査で生じ得る問題をあらかじめ洗い出し，回避する手立てを考えることが可能となります。

◎ 3.5.2 予備調査の確認事項

得られた予備調査結果を元に，質問項目の内容に不備がないかを確認しましょう。

質問項目の適切性

項目内容に曖昧さがないか，過度に専門用語や難しい語句を使用していないか，意図した通りに伝わっているかを，もう一度，第4章の内容を参考に確認しましょう。回答拒否が多い場合には，間接質問法[2]を用いた項目とすることも検討しましょう。

[2] 4.2節で詳しく説明します。

自由記述式項目の見直し

自由記述式項目についても一読し，設問意図にまったくそぐわない記述が多いようであれば，質問項目を改めましょう。

予備調査で得られた回答を元にして，質問形式をプリコード形式の項目へと変更

することができないか，検討してみるのもよいでしょう．一般的に，プリコード式項目は自由記述式項目と比較して回答の確認や，分析の手間が少なく済みます．

プリコード式項目の見直し

「わからない」という選択肢が多く選ばれていたり，センシティブな項目内容ではないにも関わらず，無回答が多い場合には，質問意図が正しく伝わっていない可能性がありますので，項目内容を見直しましょう．

また，選択肢が網羅的ではない場合には，「その他」という選択肢が多く選ばれているはずですから，選択肢を追加することも検討してみましょう．

ほとんどの人が「はい」，もしくは「いいえ」と回答している場合には，たとえば「"絶対に" ○○ですか」など，項目内の形容詞や副詞の表現の強さについて見直します．

目的とする調査データが得られるか

予備調査で得られたデータを用いて，分析方針に基づき，実際に集計や分析を行ってみましょう[3]．この分析結果から，目的としている結果が本調査で得られそうかどうかを検討します．予備調査を行うことで，分析に役立ちそうな項目の追加や，不必要な項目の削除を行い，アンケートの短縮に繋げることができます．

[3] 回答の漏れなどを理由に，集計に用いない回答結果を無効回答といいます．回答を有効と認め，集計に用いる場合は有効回答といいます．

§3.6 倫理・データの管理

3.6.1 倫理的な配慮

アンケート対象者が必要十分な知識をもって，アンケートについて納得，同意をしたうえで回答をするか判断を行うことを，**インフォームド・コンセント**といいます．そのためにアンケート実施者は，対象者がアンケートに参加するかどうかを決めるために必要な情報を事前に提供します．情報の提供は，依頼文と前文において行います．

インフォームド・コンセントの成立には以下の2つの前提が満たされている必要があります（鈴木，2011）．

1. アンケート実施者がアンケート対象者に，調査に関する十分な情報を提供し，説明責任を果たす．

2. アンケート実施者とアンケート対象者の関係は対等である。

◎ 3.6.2　アンケート実施者が事前に提供すべき情報

アンケート実施者の情報

　アンケート実施者の氏名，所属，連絡先についての情報を依頼文に明記しましょう。

アンケートへの助成機関および助成内容

　アンケートの実施に関し，助成を受けている場合には，助成機関，およびその内容について明記しましょう。

アンケートに関する概要

　アンケート調査のテーマ，目的，意義，内容，回答所要時間の目安について事前に説明しておきましょう。ただし，調査の概要を示すことで回答にバイアスが生じることが懸念される場合には，情報の開示方法，および程度は調査ごとに判断してください。

アンケート対象者の選定基準

　アンケート対象者として選定した基準や，抽出元について説明を行いましょう。

プライバシーの保障

　回答者の匿名性の保障方法，個人情報，人権の保護について，説明を行います。

アンケート協力の有無と不利益

　アンケートへの参加，または不参加によって，対象者が不利益をこうむらないことを説明しましょう。アンケートが心理的不快感を生じさせる可能性がある場合には，その旨を説明しましょう。また，止むを得ない事情がある場合には，アンケートへの回答を中止することが可能であることも説明しましょう。

アンケート結果の使用目的・報告

　回答してもらったアンケート結果の使用目的について，説明を行います。希望者にはアンケート結果の概要を提供することも考慮に入れましょう。もしアンケート結果の公表先と公表時期が判明している場合には，その予定についても知らせます。

謝礼

調査への協力によって，謝礼等の利益を得られる場合は，その内容について明記します。謝礼への期待が回答結果を歪めるおそれがある場合には，事後に説明します。

◎ 3.6.3 依頼文のチェックリスト

□ アンケート実施者の情報　□ アンケートへの助成機関・内容
□ アンケート内容に関する概略　□ アンケート対象者の選定基準
□ 匿名性の保障　□ アンケート協力の有無と不利益
□ アンケート結果の使用目的・報告先　□ 謝礼について

同意書

上記の点を説明し，同意を得た上でアンケートへの回答をしてもらいます。同意を得た場合には，日付と署名が記入された同意書を作成することもあります。ただしアンケートによる調査では，回答をもって同意と見なすことが一般的です。

◎ 3.6.4 プライバシー保護

アンケートを実施する際には，協力者のプライバシーを尊重し，個人情報を保護しなければなりません。とくに，インターネットを利用してアンケートを実施する際には次の2つの原則を守るようにしましょう。

無記名の原則

アンケート調査では，特定の個人の回答が特別に重要であることはまずありませんから，アンケートは原則として無記名式で行い，匿名性が保たれるように注意しましょう。リマインダーや謝礼のために個人情報を保持している場合は，それが個人の回答と紐づけられないように扱い，情報が不必要となった時点で安全な方法で破棄します。匿名性を守るためには，調査データ内に直接的に個人と関連する情報を残さないことが重要です。そのために回答傾向は個人ではなく，属性という観点から扱いましょう。

好きな食べ物，タレント，観光地や文化祭の出し物に対する希望など，アンケー

トの項目内容がセンシティブではない場合もあります。この場合は例外的に無記名の原則を緩め，学生番号や出席番号を記名してもらうこともよいかもしれません。

個人の思想信条・資産状況・身体や精神の障害に関する調査などは，細心の注意を払って無記名の原則を守り，匿名性を担保しなくてはなりません。また中程度の匿名性を必要とする内容の調査では，授業内で調査実習をする場合など，回答者を特定したいときもあります。この場合は，学生番号や出席番号のような公的なIDではなく，その調査だけに通用するIDを作り，回答者に，調査にだけ使用する一時的なIDを記入してもらうとよいでしょう。

削除の原則

アンケートが終了した時点で，データは手元のPC上に移行し，ネットワーク上のファイルは速やかに削除しましょう。削除の原則を守るために，調査データはローカルな環境で集計を行うようにしましょう。そのための方法は第5章以降で説明を行います。

無記名の原則と削除の原則を守ることで，個人情報を保護し，プライバシーを尊重しながらインターネット調査を実施できます。しかし，それでも意図せずデータが流出してしまうリスクは残ります。

§3.7 　調査レポートの作成

正式なアンケート調査の最後のプロセスでは，調査や分析の手続き，結果を整理して，調査レポートや卒業論文としてまとめる場合もあります。調査レポートは，調査の実施過程も含めて記述します。どのように実施されたのかを明記することで，調査レポートの読者は調査が妥当なものであったのかということや，今後類似した調査を企画する際の参考にできます。

◎ 3.7.1　調査レポートの作成方針

調査レポートの書き方に厳密な決まりはありません。しかし，目的もなく調査テーマの企画から調査結果やその特徴を余さずレポートに盛り込もうとしたり，反対に調査のプロセスや結果を明示せずに調査実施者の主張のみを記述した文書は，よい調査レポートとはいえません。調査レポートの読者が，調査結果の要点を手軽に把

握したり，主張が妥当かどうかを検証したりできるようにするために，記載しておくことが望ましい事項がいくつかあります。

　調査レポートは，誰が読むのか，何に使用するのかを考えて，その目的に沿った形で構成するとよいでしょう。たとえば，さまざまな人びとに提供する目的の調査レポートであるならば，専門的な語句や表現は避け，できるだけ易しい言葉で記述します。専門用語を使わざるを得ない場合には，脚注や文書の最後に付録として専門用語の説明を行うとよいでしょう。また，後の章で説明する統計解析の結果についても，要点を理解してもらえるように提示の仕方を工夫することが望まれます。

　調査レポートの作成方針の大枠としては，調査結果のみを提供して目的に沿った利用を読者に任せる場合と，調査者の考察や主張を提供する場合の2つの方針に分けることができます。

調査結果提示タイプ

　何らかの，意思決定の材料を得るためにアンケート調査を行った場合のレポートがこのタイプをとります。調査結果提示タイプのレポートでは，アンケート調査の結果までを提供します。その後の結果の利用方法はレポートの読者の判断に任せます。

　この場合，図表や，それらの説明，質問項目の集計結果（項目別の平均値や標準偏差）や，クロス集計表，調査対象者の属性ごとに分割したクロス集計表等，結果の報告はなるべく詳細に行います。これらの作成方法については第5章，および第6章で詳しく触れます。

調査結果考察タイプ

　調査テーマとした現象の原因や，構造を明らかにするための調査を行った場合のレポートが，このタイプをとります。調査結果と一緒に，得られた結果の特徴や説明についても提供します。アンケート対象者の属性や項目別の特徴を集計結果から引き出し，説明を加えていきます。

　さらに，調査結果考察タイプに，調査仮説や課題に対する対策の有効性の検証を加える場合には，調査者の結論に読者が納得できるように説明を記述します。あらかじめ，調査の概要（「目的」）において，調査仮説の評価基準を明示しておきましょう。結論をまとめる際には，読者が今読んでいる内容が，調査者の主張であるのか，結果の考察から引き出された内容なのか違いが分かるように記述します。後者には

根拠となる集計結果を明示しましょう。

§3.8　調査レポートの構成

以下に，一般的なレポートへの記載事項を示します。卒業論文として作成する場合にも，下記の構成が多くとられます。ただしレポートの細部に関しては，大学生の方は所属している学部学科の提出フォーマットに従ってください。

題目

レポートの題目は，調査内容が分かるようにつけましょう。題目を考える際にはアンケートの目的，アンケート対象，調査時期などとともに，アンケート名を参考にするとよいでしょう。短い名称での要約が難しいようならば，副題で補足することも考慮してください。

また，題目とともに，調査者の名称とレポートの発表年月日も示しましょう。

序文

序文では，これから報告しようとする調査は，何を明らかにするために行ったのか，実施するに至った経緯を記述します。アンケート対象者や協力者へのお礼を述べる場合もあります。ただし序文は必須の記載事項ではありません。序文を作成しない場合には，謝辞はレポートの最後に掲載します。

目次

レポートの部，章，節，項（どこまで記載するかは作成者の判断によります）の見出しと，始まりのページを記載します。各見出しの作成の際には，目次から，調査レポートの大筋が分かるようにつけると良いでしょう。図表が多い場合には，それらの目次もつけると読者にとって便利です。

要約

レポートのページ数が多い場合には，アンケート概要や結果の要点をまとめて，レポートの要約を提供するとよいでしょう。要約は多くとも1から数ページ程度でまとめましょう。

目的

レポートの冒頭では調査目的と調査実施の背景を説明します．目的の説明は，読者がアンケート結果を正しく利用するために必要となります．

アンケート対象となった事象や問題について述べ，調査テーマに対して，今回行った調査が持つ意義や必要性，何のために調査を行ったのか，どのような調査仮説が立てられ，引き出したかった結論は何なのかについて記述します．また，調査仮説を検証するための評価基準についても示しておきましょう．

方法

目的達成のための方法，質問項目について記し，説明を加えます．また（予備）調査の概要についても記述します．アンケート対象者の定義や実施時期を報告します．

第7章以降で説明する分析手法を用いた場合には，それらの手続きについても記述します．

結果

回答者の属性項目ごとの構成比率を図表などを用いて示しましょう．構成比率に偏りが認められる場合には，それに対する説明を記します．無効とした回答がある場合には，その判断基準も記します．

さらに調査項目の集計結果，平均値，標準偏差，属性ごとのヒストグラムやクロス表などの分析結果を掲載し，必要であれば説明を記述します[*4]．

[*4] 第5章で詳しく説明します．

考察と結論

結果の解釈や考察を記述します．この際には，解釈の過度な一般化を行わないように注意しましょう．たとえば自分が所属する高校の1クラスでしか調査を実施していないにも関わらず，「自分が通う高校では○○である」と結論づけることは控えましょう．この場合は「自分が通う高校で所属するクラスでは○○である」とするとよいでしょう．

また，調査者の調査仮説に対する考察を記述する際には，アンケート結果から引き出すことが可能か，考察に対応する集計結果が「結果」に示されているかどうかに注意しましょう．

参考・引用文献

レポートを作成する際に文献を参考にしたり，文中に引用したりする場合には，リストにまとめて明示します。文献の順番は著者名の 50 音順かアルファベット順とします。同じ著者の異なる文献が複数ある場合には，その中で年代順に並べます。

参考文献の記し方はたとえば，「著者名（著・編・訳）（年）．文書名, 発行機関（具体的な参照ページ）」とします。本章の文献も参考にしてみてください。

付録資料

ここでは必要に応じて，補足資料を読者に提供します。たとえば，「結果」において，報告内容を考察に直接利用したものに限って提示した場合に，その他の主要な集計結果や図表を付録として提供することが考えられます。また，依頼文，リマインダー，お礼文の内容や無効回答の基準を提供する場合もあります。

◎ **3.8.1 調査レポートの構成事項チェックリスト**

以下に調査レポート作成の際のチェックリストを示しました。必要に応じて参照してください。

□ 題目　□ 実施者名　□ 発表年月日　□ 序文　□ 目次　□ 要約　□ 目的
□ 方法　□ 結果・説明　□ 考察・結論　□ 文献　□ 付録資料

■ **文献**

岩永雅也・大塚雄作・高橋一男 著 (1996). 社会調査の基礎, 放送大学教育振興会
鈴木淳子 著 (2011). 質問紙デザインの技法, ナカニシヤ出版
辻新六・有馬昌宏 著 (1897). アンケート調査の方法—実践ノウハウとパソコン支援—, 朝倉書店
轟亮・杉野勇 著 (2010). 入門・社会調査法, 法律文化社
豊田秀樹 著 (1998). 調査法講義, 朝倉書店
森靖雄 著 (2005). 新版やさしい調査のコツ, 大月書店
盛山和夫・近藤博之・岩永雅也 著 (1992). 社会調査法, 放送大学教育振興会

Chapter. 4 質問項目の作り方

　調査の動機や調査したい内容が決まったら，質問文の作成に移ります。質問文を作成する際には，回答する人全員が質問文の意味を理解する必要があります。そのためには，分かりやすく，読みやすい文章を書くよう心がけましょう。また，内容が誤解のないよう伝わるように注意し，回答者に負担をかけないようにします。

　質問文は，尋ねたい内容をそのまま文章にすれば良いわけではなく，さまざまな点に注意しながら作成しなければなりません。表現内容によっては回答者が間違った解釈のまま回答してしまう可能性があります。本章では，質問文作成時に注意すべき点について解説します。また，質問内容によっては，回答者が正直に回答してくれない場合もあります。本章の後半では，そのような嘘の回答やタテマエの回答が得られやすい質問項目に対処する方法を解説します。

　はじめは質問文作成を難しく感じるかもしれませんが，既存のアンケート調査や本章で説明する内容を参考にすることで少しずつコツをつかむことができます。ぜひ自分オリジナルの質問文を作成できるようになりましょう。

§4.1　質問文の作成

　本節では，質問文を作成する際の注意点を説明します。練習問題（エクササイズ）も用意しているので，各自で答えを考えて質問文作成の難しさ・楽しさを是非体感してください。また，本節の最後にここで説明した内容をリスト形式で掲載します。

◎ 4.1.1　平易な表現

　質問文を作成する際には，難解な言葉や外来語をなるべく使用せずに，平易な表現を心がけましょう。アンケート実施者にとっては，当たり前に使っている用語であっても，回答者には意味が通じない場合があります。たとえば，次のような質問を受けたとしましょう。

> 項目例1：感冒に罹患した際にどのような対応を取りますか。
> 項目例2：新入社員教育のためにOJTは重要だと思いますか。

　項目例1では，「感冒」という意味が分からなければ答えられませんし，項目例2では「OJT」が何か知らなければ答えられません。専門用語や業界用語は，無意識のうちに使っている場合があります。調査で想定している回答者が一つひとつの用語の意味を理解できるかに留意しながら，質問文を考えましょう。また，難しい用語や略号には説明をつけるなどして，回答者が理解できるようにします。

　項目例1の「感冒」とは，急性の呼吸器疾患のことで，平たく言うと「風邪」です。「感冒」という難しい言葉を使わずに，「風邪」と言ったほうが分かりやすいので，以下のように訂正するほうがよいでしょう。また，項目例2には，理解を促すために，OJTの説明を追加しました。

> 改善例1：風邪をひいた際にどのような対応を取りますか。
> 改善例2：新入社員教育のためにOJTは重要だと思いますか。OJT(On the Job Training)は実務の中で仕事の仕方を覚えていく教育方法のことです。

　難しい用語は用いずに，平易な表現を用いるようにしましょう。以下にエクササイズを用意したので，解いてみましょう。

> **エクササイズ**[1]
> 以下の質問文を，平易な表現に直してみましょう。
> 課題1：徒食者のことをあなたはどう思いますか。

---

[1] 解答例：働くことをせず遊び暮らす人のことをあなたはどう思いますか。

◎ 4.1.2 明確な表現

平易な言葉を使って，どんなに分かりやすい質問文を作ったとしても，「その質問で何を聞きたいのか」がはっきりしていないと尋ねる意味がありません。質問文を作成する前に，必ずその質問の意図を明確にしましょう。また，曖昧な表現は避け，質問したい内容が確実に伝わるようにします。具体的には，多義語や意味が二通り以上に解釈できる表現，解釈に違いが生じる質問や漠然とした質問は避けるようにしましょう。例として，以下の質問文を見てみましょう。

> 項目例3：今回のセミナーはどうでしたか。
> 項目例4：あなたの一日の勉強時間はどのくらいですか。

項目例3では，実施したセミナーの何を知りたいのかが明確でないため，漠然とした質問になってしまっています。セミナーの理解度が知りたい，講師の質の評価が知りたい，全体的な満足度が知りたいといったように，質問で聞きたいことを明確にしましょう。また，項目例4を高校生に提示した場合，学校での勉強時間を含めるのか，もしくは学校以外での自習時間を指しているのか二通りに解釈されてしまう可能性があります。加えて，「どのくらいですか」という表現も曖昧ですので，具体的な時間を聞くほうがよいでしょう。

以上のような曖昧な表現は避けて，質問意図が明確で，質問内容が正しく伝わるような文章を作るようにしましょう。項目例3は講師のプレゼンの分かりやすさに焦点を当てた質問に，項目例4は学校以外の自習時間を問う質問になるよう以下のように修正します。

> 改善例3：今回のセミナーにおいて講師のプレゼンは分かりやすかったですか。
> 改善例4：あなたの一日の自習時間は何分ですか。

> ─ エクササイズ[†2] ─
> 以下の文章を1週間あたりの図書館の利用頻度（回数）を問う質問に直しましょう。
> 課題2：あなたは図書館をどのくらい利用しますか。

[†2]解答例：あなたは，1週間に何回図書館を利用しますか。

◎ 4.1.3　丁寧で親しみやすい表現・簡潔な表現

　質問文は,「以下の質問に答えよ」のように命令文にせず,回答者に快く答えてもらうために,敬語を利用して書きます。ただし,丁寧すぎる表現では不自然な質問文になってしまうので,誠意の伝わる適度な敬語を利用しましょう。逆にくだけすぎた表現も相手に不快な印象を与えてしまう可能性があるので注意が必要です。また,話し言葉や略語,流行語や俗語の使用は避けましょう。これらを利用することで,読み手に馴れ馴れしい印象を与えてしまう場合があります。以下に丁寧すぎる項目例とくだけすぎた項目例とその改善例を示します。

> 項目例5(1)：ご子息様とご一緒にお住まいになっていらっしゃいますか。
> 項目例5(2)：息子と一緒に住んでるの。
> 改善例5：息子さんと一緒にお住まいですか。

　また,質問文は,回答者が読み返さないと理解できないような文章であってはいけません。一度読めば,正確に意味が伝わるような簡潔な文章を書くよう心がけましょう。主語と述語が離れていたり,適切な接続詞が使われていなかったりすると,読みにくいだけでなく,正しく文意が伝わらなくなってしまいます。

> 項目例6：あなたは,大学の体験授業は専門的な内容でしたが,その内容に興味を持てましたか。
> 改善例6：大学の体験授業に参加して,あなたは授業内容に興味を持てましたか。

　項目例6では,主語「あなたは」と述語「持てましたか」が離れており,読みにくい文章になっています。質問内容を簡潔に伝えるために修正した文章が改善例6です。文章を簡潔にすることで,理解しないままでのいい加減な回答や誤答を減らすことができます。ただし,文章を短くして文意が伝わらなくなってしまっては意味がありません。文章の長さではなく,無駄のない文章を書くことが重要です。

> ─ エクササイズ[†3] ─
> 次の文章を適切な質問文に訂正してください。
> 課題3：大学では,ご友人とお食事を召し上がることが多いですか。

[†3]解答例：大学では,友達とご飯を食べることが多いですか。

4.1.4 否定語の多用

まずは，次の二つの項目例に回答してみてください。

> 項目例7：授業に殆ど出席しない学生が，成績評価に出席が加味されない授業で，テスト得点の結果だけで単位を落とさないことについてどう思いますか。
> 項目例8：システムの導入はまったく有益でないと思わないですか。

項目例7のように否定語を多く含む質問では，文章の意味が伝わりにくくなってしまいます。また，項目例8の場合には，「まったく有益でない」と思わないのかと質問しているのか，有益でないと「まったく思わないのか」と質問しているのか区別がつきません。このように否定語が複数あると，呼応の副詞「まったく」がどの動詞と対応しているのかが分からなくなってしまいます。さらに，否定語が多いと，部分否定なのか全否定なのかの区別も難しくなります。

質問文では，可能な限り肯定文を利用し，やむを得ない場合に一回だけ否定語を使用するようにしましょう。また，否定語を利用する際には，下線を引くと分かりやすくなります。上述の否定語を多用した質問文を肯定文を利用して作成し直します。

> 改善例7：授業をよく休む学生が，成績評価に出席が無関係な授業で，テスト得点の結果だけで単位を取得することについてどう思いますか。
> 改善例8：システムの導入は有益だと思いますか。

改善例7では，文意が変わらないように言葉を置き換え，改善例8では，「まったく～ない」を利用せずに文章を作りました。否定語を多用した文章よりも，読みやすく理解しやすい文章になっています。

エクササイズ[†4]

以下の否定語を含む質問文を，分かりやすい文章に直しましょう。
課題4：成人していない学生に，サークルでお酒を飲まないよう指導しないことは適切でないと思いますか。

エクササイズの課題4の解答例では，否定語を一つ利用していますが，相手に意図が伝わるように下線を引いて強調しています。

[†4] 解答例：未成年の学生に，サークルでお酒を <u>飲まないよう</u> 指導することは適切だと思いますか。

4.1.5　ダブルバーレル項目

　一つの質問文に二つ以上の異なる事柄や論点が含まれている質問は，ダブルバーレル項目と呼ばれます。ダブルバーレル項目の例を以下に示します。

> 項目例 9：あなたは，北欧旅行に行って，オーロラを見たいですか。
> 項目例 10：あなたは，現在の国立大学の入試制度を改善し，共通試験を廃止することに賛成ですか。

　項目例 9 に関して，北欧旅行に行ってオーロラを見たい人は「はい」と回答しますが，北欧に行きたくてもオーロラは見たくない人はどのように回答していいか分かりません。項目例 10 においても，入試制度の改善には賛成であっても，共通試験を廃止することに反対の場合には，「はい」とも「いいえ」とも回答できません。このように，二つの事柄や論点を同時に問うような質問では，回答者がどのように回答してよいか戸惑ってしまいます。質問文作成の際には，ダブルバーレル項目になっていないか注意するようにしましょう。

　ダブルバーレル項目を避けるためには，一つの質問文で一つのトピックのみを尋ねるようにしましょう。以下の改善例では，項目例 9 を二つの質問に分けて尋ねています。また，二つに分けるとアンケート調査が長くなってしまう場合には，片方の質問は諦めて，本当に聞きたい質問だけを尋ねるようにします。項目例 10 の改善例では片方のみを質問しています。

> 改善例 9(1)：あなたは北欧旅行に行きたいですか。
> 改善例 9(2)：あなたはオーロラを見たいですか。
> 改善例 10：あなたは，共通試験を廃止することに賛成ですか。

エクササイズ[5]

以下のダブルバーレル項目を，適切な回答が得られるように直してください。
課題 5：あなたは，法律を勉強し，弁護士になりたいですか。

---

[5] 解答例：(1) あなたは法律を勉強したいですか。(2) あなたは弁護士になりたいですか。

◎ 4.1.6 誘導的質問

　回答者がアンケート実施者の意図に従って回答するように導く質問のことを，**誘導的質問**といいます。質問文を作成する際には，アンケート実施者自身が期待する方向へ回答者を誘導していないか注意する必要があります。以下では，誘導的質問に関する四つの注意点を述べます。

　まず，文末の表現において，「〜は当然だと思いませんか」「〜は止めるべきですか」のようにアンケート実施者の意図や期待を示した質問文を作成していないか確認します。このような質問文では，回答を調査者の期待通りの結果に導いてしまう可能性があります。以下に，回答を誘導する可能性のある文末表現を含む項目例とその改善例を示します。

> 項目例11：大学の学費を，自分で稼いで払うことは当然だと思いませんか。
> 改善例11：大学の学費を，自分で稼いで払うことについてどう思いますか。

　次に，回答を特定の方向に誘導する表現や説明が利用されていないか注意します。質問文の冒頭で，回答者の関心を呼び起こすために，調査テーマに関する説明や解説を加える場合がありますが，解説の仕方によっては，回答を誘導してしまう場合があります。以下の2つの項目例を見てみましょう。

> 項目例12：ゆとり教育は，知識を重視した詰め込み教育を減らし，考える力や生きる力を養い豊かな人間性を育むための教育として導入されましたが，あなたはゆとり教育を廃止することについてどのように考えますか。
> 項目例13：詰め込み教育の反省のもと導入されたゆとり教育では，学習時間が減ったために，学力の低下が生じていますが，あなたはゆとり教育を廃止することについてどのように考えますか。

　項目例12では，ゆとり教育の利点が述べられているため，ゆとり教育の廃止に悪い印象を持つように誘導してしまう可能性があります。一方，項目例13では，ゆとり教育による弊害が説明されているので，ゆとり教育を廃止することがいいことであるという印象を与える可能性があります。アンフェアな質問になってしまわないよう注意しながら質問文を作りましょう。

続いて，質問文が**イエス・テンデンシー**（是認傾向）を招くような質問になっていないか留意が必要です。イエス・テンデンシーには二つの意味があります。一つ目は，回答者が質問に対して，肯定的な回答をする傾向のことを言います。肯定的な回答のほうが心理的な負担が少ないため，「いいえ」や「反対」よりも「はい」や「賛成」という回答が選ばれやすくなります。この傾向は，知識の有無を尋ねるような質問や似たような内容の質問が続く場合に生じることが多いです。

二つ目は，「あなたは〜について賛成ですか」という質問に対して，あまり深く考えずに「賛成」と回答する傾向のことを言います。この傾向は，回答者が自分の意見をはっきり決められなかったり，よくわからなかったり，また回答へのモチベーションが低い場合に生じます。二つ目のイエス・テンデンシーの対義語として**ノー・テンデンシー**があります。**ノー・テンデンシー**は「〜について反対ですか」という質問に対して，「反対」と回答する傾向のことを言います。このような誘導を避けるためには，バランスのとれた中立的な質問文を用いるようにします。以下に，イエス・テンデンシーを招くような項目例とその改善例を示します。

項目例14：小学校における英語教育導入について賛成ですか。

改善例14：小学校における英語教育導入について賛成ですか，それとも反対ですか。

最後は，**威光効果**（ハロー効果）です。影響力が強く，著名で尊敬する人物の名前や職業名を用いると，回答を特定の方向へ誘導してしまう場合があります。このような効果のことを威光効果と言います。以下に項目例を挙げます。

質問例15：教育心理学の専門家によって構成される委員会では，英語能力を定着させるために，小学校から英語教育を行うことが提案されていますが，あなたは英語の小学校での教育に賛成ですか。

「教育心理学の専門家」という用語は，質問例15の回答を「賛成」へと誘導する可能性があります。他にも権威のある組織名や公的機関名の使用にも注意が必要です。

四つの注意点を挙げてきましたが，その他にも，社会的圧力のかかった用語（性や人種差別など）や，特別なイメージや価値判断と結びつく用語（官僚や大企業など）の利用も，回答を誘導する可能性があるので注意が必要です（辻・有馬, 1987）。

◎ 4.1.7 パーソナルな質問とインパーソナルな質問

　回答者から正確な回答を得るためには，パーソナルな質問とインパーソナルな質問の区別も重要です。ある事柄に関して，一般論として回答者に態度や意見や意識を尋ねる質問は**インパーソナルな質問**と言います。一方，ある事柄に対する個人的な態度や意見や意識を尋ねる質問は**パーソナルな質問**と言います。以下に，パーソナルな質問とインパーソナルな質問の項目例を示します。この質問は男性のみが回答することを想定しています。

> 項目例 15：男性も積極的に育児に関わるべきだと思いますか。
> 項目例 16：あなたは，積極的に育児に関わるつもりですか。

　項目例 15 がインパーソナルな質問で，項目例 16 がパーソナルな質問です。一般論として男性が育児に参加することが大事だと思っている人は，項目例 15 に対して「はい」と回答するでしょう。しかし，項目例 15 に「はい」と回答した人でも，実際に自分が育児に積極的に関わるかどうかを尋ねられると「いいえ」と回答するかもしれません。このように，育児参加に関する内容を質問するために作成した文章でも，パーソナルな質問にするかインパーソナルな質問にするかによって，回答傾向に違いが生じることがあります。実際の調査では，調査テーマや目的に応じて，ふさわしい質問文を選ぶようにしましょう。

> ─ エクササイズ[†6] ─
> (1) 以下のインパーソナルな質問をパーソナルな質問に直してください。
> 課題 6：人は献血に行くべきだと思いますか。
> (2) 以下のパーソナルな質問をインパーソナルな質問に直してください。
> 課題 7：あなたは，コネクションを使ってでも第一希望の企業に入りたいですか。

[†6] 解答例：(1) あなたは，献血に行ったことがありますか。(2) コネクションを使って第一希望の企業に入る人をどう思いますか。

◎ 4.1.8 キャリーオーバー効果

キャリーオーバー効果とは，前に置かれた質問によって，後の質問の回答が影響を受ける効果のことを言います．例として，以下の3つの項目例を見てください．

> 項目例17：近年，自転車の事故が増えているのを知っていますか．
> 項目例18：自転車通勤を推奨すべきだと思いますか．
> 項目例19：環境に優しい自転車通勤は，ヨーロッパなどでは国を挙げて推奨されていることを知っていますか．

項目例17を提示した後に項目例18を提示すると，事故が増加しているというマイナスなイメージの影響で，推奨すべきではないという意見が多くなることが予想されます．一方で，項目例19を提示した後に項目例18を提示すると，他国でも推奨されているというポジティブな印象から，自転車通勤に対して肯定的な意見が得られるでしょう．

このように，質問の提示順序によって，項目例18に対する回答結果に差が生じる可能性があります．キャリーオーバー効果に注意し，このような効果が予測される場合には，質問の配置を離したり，ランダムに質問を提示したりするなどの対策をとる必要があります．

> **エクササイズ**[7]
>
> 以下の3つの質問例の提示順序によって，回答がどのように変化するか説明してください．
> 質問1：英語を話せる人材を求める企業が近年増えていることを知っていますか．
> 質問2：早期の英語教育について賛成ですか．
> 質問3：早期の英語教育が，日本語習得に悪影響を与える可能性があることを知っていますか．

---

[7] 質問1の後に質問2を尋ねると，就職のために英語は必須であると考えて，早期の英語教育について賛成と回答する人が多くなることが予想されます．一方，質問3の後に質問2を聞くと，日本語習得に悪影響を与える早期の英語教育は良くないと考えて，反対する人が多くなると考えられます．

◎ 4.1.9　ろ過項目

　ろ過項目とは，回答者を分類し，一部の回答者に回答を制限するための質問項目です。フィルター・クエスチョンやスクリーニング項目とも言います。ろ過項目では，主質問と副質問を用意し，主質問においてある事柄に関して関心や知識や経験のある回答者を分類し，該当者のみが副質問に回答するようにします。この方法を利用することで，いい加減な回答を防ぎ，より正確なデータを得ることが可能になります。ただし，ろ過項目を利用する際には，複雑な条件を設定しないように注意しましょう。また，ろ過項目を階層的に利用することも避けましょう。複雑すぎると回答者が正しく理解できず，間違った回答を誘発してしまう可能性があります。以下に，ろ過項目の例を2つ挙げます。

項目例20：男性の方のみお答えください。育児休暇を取得したことがありますか。

項目例21：成人の方がお答えください。一ヶ月に飲み会にどの程度参加しますか。

◎ 4.1.10　事実と評価の区別

　次の2つの項目例を見てみましょう。

項目例22：大学時代の友達と飲みに出かけますか。
A. ほとんど出かけない　　B. どちらとも言えない　　C. しばしば出かける
項目例23：大学時代の友達と一年に何回飲みに出かけますか。
A. 1回以下　　B. 2回から4回　　C. 5回から7回　　D. 8回以上

　ある回答者は，項目例22では「ほとんど出かけない」と回答するのに対して，項目例23では「5回から7回」と回答するかもしれません。この回答者にとっては友人と飲みにいく回数として「5回から7回」では少ないと感じているのでしょう。このように，事実とその事実に対する評価は，別の特性であることを理解しておく必要があります。評価は回答者の要求水準によって異なるということに留意し，調査目的にあった質問文を考えるようにしましょう。

◎ 4.1.11 過去の記憶

　一般的に，過去の出来事，行動，感情や態度などを正確に覚えている人は多くありません。記憶に頼った質問をしたとしても，当該の事柄に関して，回答者自身が忘れていたり，記憶違いをしていたりする可能性もあります。そのため，過去の事柄に関する回答を得られたとしても，得られたデータの信憑性は低いでしょう。以下のような記憶に頼る細かい質問はなるべく避けるようにしましょう。

> 項目例 24：先月，何回電車に乗りましたか。
> 項目例 25：高校時代に何冊本を読みましたか。

◎ 4.1.12　ステレオタイプ化された表現の利用

　典型的で固定化されたイメージや観念，価値観やニュアンスと結びついた表現を**ステレオタイプ**（化された表現）と言います。固定観念と結びついた言葉を使うと，回答者の評価が偏ったり，解釈が限定されたりする可能性があります。たとえば，「中央官庁公務員（職員）の再就職」を「官僚の天下り」と表現するとマイナスな印象を与える可能性があります。逆に，社会活動という言葉に「草の根」という修飾語を付けると，プラスの評価をされる場合があります。ステレオタイプ化された表現を完全に避けるのは難しいですが，意図的に使うことがないように注意が必要です。

◎ 4.1.13　仮定の質問

　マーケティング分野では，新商品を開発するために市場調査を行うことがあります。このような場合に，まだ構想段階の新商品に関連して，「もしこういう商品があったらあなたは購入しますか」という質問を用意してアンケート調査を実施することが考えられるでしょう。しかし，仮定の下で将来どのような購買行動をとるかを回答者に回答してもらうことは難しいです。また，回答を得られたとしても，実際にそのような購買を行うとは限りません。仮定の質問はなるべく避けるようにしましょう（鈴木・佐藤，2012）。なお，商品開発場面では第 8 章で紹介するコンジョイント分析などが利用されています。

◎ 4.1.14　回答バイアス

　アンケート調査を実施する際には，回答バイアスが極力生じないように工夫する必要があります。回答バイアスが生じると，第5章以降で説明するさまざまな分析を行ったとしても適切な結果が得られない場合があります。以下では，四つの回答バイアスを紹介します（鈴木, 2011）。

　両極選択バイアスは，回答選択肢が多い場合に最初，もしくは最後にある両極の選択肢のどちらかを選ぶ傾向のことです。回答選択肢が多すぎると，すべてに目を通すのが億劫になり，回答者は両極にあるより目立つ選択肢を選んでしまいます。効果的な対処方法は，回答選択肢を削除，または統合することで，選択肢の数を最大8個から10個に抑えることです。

　社会的望ましさバイアスは，回答者自身の考えや信念に従わず，社会的に最も受け入れられやすい方向に従って回答する傾向のことです。たとえば，「ボランティア活動に参加していますか」という質問に対して，実際には参加していないけれども自分自身をよく見せようと「参加している」と回答する可能性があります。また，「万引きしたことがありますか」と尋ねたとしても多くの人は「いいえ」と答えるでしょう。社会的望ましさバイアスを避けることはなかなか難しいですが，質問の仕方によってなるべくその影響を抑えるための工夫がなされています。次の節では，社会的望ましさバイアスに対処する方法の一つである間接質問法について説明します。

　中間回答バイアスは，中間選択肢（中間的な回答）を選ぶ傾向のことを言います。「どちらとも言えない」や「場合による」といった中間的な回答を選択肢に含めると，日本人は中間選択肢を選ぶ傾向が強くなることが知られています。このようなバイアスを避けるための対処法は，5件法や7件法ではなく，「どちらとも言えない」といった中間選択肢を除いた偶数段階での評価を求め，回答してもらうことです。

　極端反応バイアスは，5段階評定などにおいて，どの質問に対しても「非常に賛成」や「全く当てはまらない」といった極端な選択肢のみを好んで選択する傾向のことを言います。このような回答が得られた場合には，その回答者をデータから除いて分析を行うことも対処法の一つです。

◎ 4.1.15　選択肢に関する注意

　質問文を作成する際には，どのような回答選択肢を用意するかにも注意を払う必要があります。まずは，回答選択肢が回答可能なすべてのカテゴリを重複なくかつ網羅しているかを検討する必要があります。年齢を質問する場合に，「(A)20～25歳，(B)25～30歳，(C)30～35歳…」のように選択肢を用意すると，25歳の人は(A)を選択したらよいのか(B)を選択したらよいのか分かりません。「(A)20～24歳，(B)25～29歳，(C)30～34歳…」のように，重複がないように回答選択肢を用意しましょう。

　回答選択肢の検討を十分に行ったつもりでも，抜けている回答選択肢があるかもしれません。そこで，回答者が必ず回答できるように，「その他」や「特になし」といった回答選択肢を用意しておきましょう。また，賛否を問う質問や判断・意見を求める質問では，「分からない」や「どちらともいえない」という選択肢を用意しておくと，無回答を減らすことができます。ただし，不用意にこのような選択肢を設けると，これらの選択肢に回答が集中してしまう可能性もあるので，含めるかどうかの検討は慎重に行う必要があります。

　続いて，回答選択肢の数や表現にも注意が必要です。両極選択バイアスの部分でも説明した通り，可能性のある回答選択肢をすべて挙げると，選択肢数が多くなって，回答者は読むのが億劫になってしまいます。いくつか類似する内容の選択肢を統合したり，無駄な選択肢は削除したりするようにしましょう。また，回答選択肢においても曖昧な表現は避けるようにしましょう。

　賛否や経験の有無などを質問する際には，「賛成」「反対」，または「有り」「無し」のような2択で回答させるだけでなく，度合いの強さや程度の大きさも尋ねる場合があります。「とても賛成」「やや賛成」「やや反対」「とても反対」のように順序を持った選択肢を用意する場合には，人によって賛成・反対の強さの主観的評価が異なるということを認識しておく必要があります。

◎ 4.1.16　その他

　回答者の知らないことや関心のないことを尋ねることもなるべく避けるようにしましょう。「ABC法案について賛成ですか」や「新薬XYZの販売についてどう思いますか」といった質問をしたとしても，ABC法案や新薬XYZに関心がなければ

回答するのが難しいですし，そもそもそれらを知らなければ答えられません。また，形容詞や副詞の使い方にも気を付けるようにしましょう。「図書館によく行きますか」という質問の「よく」という副詞は人によって受け取り方が異なります。回答者がどのように解釈するかに留意しながら，形容詞や副詞を使うようにしましょう。

最後に，これまでに説明した質問文作成の際の注意点を表 4.1 にまとめます。

表 4.1 質問作成の注意点

平易な表現，明確な表現，丁寧で親しみやすい表現・簡潔な表現
否定語の多用，ダブルバーレル項目，誘導的質問
パーソナルな質問とインパーソナルな質問，キャリーオーバー効果
ろ過項目，事実と評価の区別，過去の記憶，ステレオタイプ
仮定の質問，回答バイアス，選択肢に関する注意，その他

§4.2　嘘やタテマエの回答を避ける方法

前節までは，調査で知りたい内容を直接質問することで回答を得ることを想定していました。しかし，実際の調査では，質問項目に対して回答者が素直に回答してくれるとは限りません。たとえば，「あなたは成人前にタバコを吸ったことがありますか」という質問に対して，タバコを吸った経験のある人がどれだけ正直に回答してくれるでしょうか。未成年の喫煙は法律で禁止されており，社会的にも望ましくないため，吸っていたとしても，おそらく「いいえ」と回答する人が多いでしょう。

このように，倫理・道徳に関する質問やプライバシーに関する質問，また正直に回答するのが恥ずかしいと思わせる質問に対して，回答者が率直に回答することは少ないでしょう。むしろ，嘘の回答やタテマエの回答をする場合のほうが多いです。

本節では，回答者によっては正直に回答したくない内容を質問する際に，嘘やタテマエの回答をなるべく回避するための方法と，その質問項目から得た回答の分析手順について解説します。その準備として，はじめに比率と平均の説明をします。そして，回答者から正直な回答を得るために考え出された**間接質問法**と呼ばれる手法について説明します。

4.2.1 比率と平均

2.3節では，得られたデータをグラフ化することで，データ（集団全体）の特徴を視覚的に把握しました。たとえば，円グラフを見て「男性よりも女性のほうが多い」と説明したり，棒グラフから「やや当てはまるを選択した人数が最も多い」と言及したりすることができます。このように，グラフ化によって視覚的に多い（または少ない）といった判断をすることはできますが，どの程度多い（または少ない）のかといった量的な観点からの判断は難しいです。ここでは，数値によってデータの特徴を確認するための指標として，比率と平均値を取り上げます。

比率

比率は全回答者の中で，ある属性を持っている人の割合を表すための指標で，以下の式によって計算されます。

$$比率 = \frac{その属性を持っている人の人数}{全回答者数} \tag{4.1}$$

たとえば，100人に性別を尋ねる質問をして，男性が40人いた場合には，男性の比率は，

$$男性の比率 = \frac{その属性を持っている人の人数}{全回答者数} = \frac{40}{100} = 0.40 \tag{4.2}$$

となります。

このように比率を計算することで，「男性は全体の4割，女性は全体の6割で，女性のほうが多い」のように，より具体性を持った解釈をすることができます。性別や血液型などのように離散的な値をとるデータ[*1]については，その属性を持っている人数を数えることで比率を計算することができます。一方，通学時間や年収などのように連続的な値を取るデータ[*2]では，データを区間を利用して分割し，各区間に含まれる人数を利用して比率を算出します。

また，比率と全回答者数を利用することで，その属性を持っている人がどのくらいいるのかも計算できます。これは，比率の計算式の両辺に全回答者数をかけることで，次式のように求めることができます。

$$その属性を持っている人の人数 = 比率 \times 全回答者数 \tag{4.3}$$

[*1] 後の章では質的変量と呼びます。

[*2] 後の章では量的変量と呼びます。

平均値

平均身長やテストの平均点のように，私たちの周りで平均という言葉を耳にすることは多いでしょう。**平均値**は，観測された値が $x_1, x_2, \cdots, x_N$ のように N 個あった場合に，N 個の値をすべて足して N で割ることで計算されます。式で表すと以下のようになります。

$$\bar{x} = \frac{x_1 + x_2 + \cdots + x_N}{N} \tag{4.4}$$

$\bar{x}$ は，エックス・バーと読み，平均値を表します。たとえば，5人の通学時間が，35分，50分，10分，70分，15分であった場合，通学時間の平均は，

$$通学時間の平均 = \frac{35 + 50 + 10 + 70 + 15}{5} = 36 \tag{4.5}$$

のように36分と計算されます。なお，平均値は通学時間や年収などのように連続的な値を取るデータに関して計算されます。

加重平均

平均値に関連して，**加重平均**についても説明します。加重平均は，重みを利用して計算される平均です。個々の観測データではなく，集団ごとの平均値と人数のみが分かっている場合には，加重平均を利用して全体の平均を算出します。

たとえば，あるクラスで10点満点のテストを実施し，男性の平均 $\bar{x}_M$ が4点，女性の平均 $\bar{x}_F$ が7.5点，男性の人数が4人，女性の人数が6人だったとします。それぞれの人数を重み w とした加重平均は次式で計算されます。

$$テスト得点の加重平均 = \frac{w_M \times \bar{x}_M + w_F \times \bar{x}_F}{w_M + w_F} \tag{4.6}$$

w_M と w_F が男性と女性のそれぞれの重みを表し，ここでは人数になります。実際にテスト得点の加重平均を求めると，

$$テスト得点の加重平均 = \frac{4 \times 4 + 6 \times 7.5}{4 + 6} = 6.1 \tag{4.7}$$

となります。個々のデータが分からなくても，それぞれの集団の平均と人数が分かっていれば，全体の平均を加重平均によって求めることができます。

4.2.2 ランダム回答法

では実際に，嘘やタテマエの回答を回避するための方法について見ていきます。一つ目は**ランダム回答法**と呼ばれる手法です。正直に回答したくない質問内容の例として，カンニングをしたことがあるかを取り上げます。ここでの目的は，カンニングしたことのある人の比率を調べることです。「カンニングをしたことがありますか」と直接尋ねたとしても，正直に回答する人は少ないでしょう。そこで，以下のような2つの質問文のセットとコインを用意します。

> 項目例26：コインを投げて表の場合には質問 (1) に，裏の場合には質問 (2) に回答してください。
> 質問 (1) あなたは，カンニングをしたことがありますか。
> 質問 (2) あなたの携帯電話の末尾は偶数ですか。
> 　　　(A) はい　　(B) いいえ

用意したコインを投げ，表が出たら質問 (1) に正直に回答してもらい，裏が出たら質問 (2) に正直に回答してもらいます。ここで大事なことはコイン投げの結果は回答者本人にしか分からないということです。回答者が「はい」を選択したとしても，コインの表が出て質問 (1) に対して「はい（カンニングしたことがあります）」と回答したのか，コインの裏が出て質問 (2) に対して「はい（携帯電話の末尾は偶数です）」と回答したのかは，アンケート実施者には分かりません。このように，回答する質問文をランダムに決定する方法をランダム回答法といいます。直接質問するよりも，正直に回答する人の割合が増加することが期待されるので，より実態を反映した比率を求めることができます。

では，実際にランダム回答法によって得られたデータから，カンニング経験者の本来の比率を求めてみましょう。全回答者数を N，カンニング経験者の本来の比率を θ，質問に「はい」と回答した人の比率を p，携帯電話の末尾が偶数である人の比率を α とします。アンケート調査で分かるのは，N と p であり，ここから θ の値を求めます[*3]。

アンケート実施者は，回答者が質問 (1) と質問 (2) のどちらに回答したか分かりませんが，項目例26 に「はい」と回答した人数は，比率と全回答者数の積 ($N \times p$) から計算できます。また，コイン投げは表が出る確率と裏が出る確率はそれぞれ 1/2

[*3] α はすでに分かっているものと考えます。

ですので，質問 (1) と質問 (2) を選ぶ確率も 1/2 になります。つまり，N 人のうち，質問 (1) に回答する人と質問 (2) に回答する人はそれぞれ $N/2$ 人になります。

質問 (1) に回答する $N/2$ 人のうち，カンニングしたことがあって「はい」と回答する人は，カンニング経験者の本来の比率 θ と回答者数 $N/2$ の積 ($\theta \times (N/2)$) で求められます。同様に，質問 (2) に回答する $N/2$ 人のうち，携帯電話の末尾が偶数で「はい」と回答する人は，末尾が偶数である人の比率 α と回答者数 $N/2$ の積 ($\alpha \times (N/2)$) になります。質問 (1) に「はい」と回答する人数と質問 (2) に「はい」と回答する人数の和が，項目例 26 に「はい」と回答する人数になるので，以下の式を導くことができます。

$$N \times p = \frac{N}{2} \times \theta + \frac{N}{2} \times \alpha \qquad (4.8)$$

これを θ について解くと以下の式が得られます。

$$\theta = 2p - \alpha \qquad (4.9)$$

既に分かっている値 α と調査から得られる「はい」と回答した比率 p から，カンニング経験者の本来の比率を求めることができます。

計算例として，100 人の学生に上述の質問をした場合を考えてみます。質問 (1) と質問 (2) のどちらかに「はい」と回答した比率は $p = 0.3$ であったとします。携帯電話の末尾が偶数である確率は 0.5 であると考えられるので，カンニング経験者の本来の比率 θ は以下の式で求められます。

$$\theta = 2p - \alpha = 2 \times 0.3 - 0.5 = 0.1 \qquad (4.10)$$

コイン投げの他に，さいころを振って出た目をもとに回答する質問を選ぶこともできます。たとえば，1 と 2 の目が出たら質問 (1) に回答してもらい，それ以外の目が出たら質問 (2) に回答してもらいます。アンケート実施者が知り得ないところで，ランダムに回答する質問が選ばれることがポイントです。このような方法を利用することで，カンニングをしたことのある人の比率を，直接的な質問文よりは適切に評価することができます。

◎ 4.2.3 アイテムカウント法

二つ目の方法は，**アイテムカウント法**と呼ばれる手法です。ここでは，危険ドラッグを経験したことがある人の比率を調べることを目的とします。アイテムカウント法では，はじめに二つのリストAとBを用意します。

リストA（短リスト）

痔の薬を飲んだことがある
発毛剤を使用したことがある
便秘薬を服用したことがある

リストB（長リスト）

痔の薬を飲んだことがある
発毛剤を使用したことがある
便秘薬を服用したことがある
危険ドラッグを経験したことがある

リストBには，調査で調べたい項目（危険ドラッグを経験したことがある）が含まれており，もう一方のリストAには含まれていません。調査で調べたい項目はキー項目と呼ばれ，それ以外の項目は非キー項目と呼ばれます[4]。

次に，調査対象となる N 人の回答者を二つの等質な集団（集団Aと集団B）に分割し，それぞれの集団の人数を N_A 人と N_B 人とします。集団AにはリストAの中から，いくつ当てはまるかを回答してもらい，もう一方の集団BにはリストBの中から，いくつ当てはまるかを回答してもらいます。該当する項目を直接挙げてもらうのではなく，複数の項目の中から該当項目の個数を回答してもらう点がこの手法の特徴です。これにより，全項目に該当する，もしくは全項目に該当しない場合を除いて，危険ドラッグを経験したかどうかはアンケート実施者には分からないことになります。

集団Aと集団Bは特徴が同じになるように分割しているので，仮に両集団にリストAを提示して該当する項目の個数を回答してもらうと，その平均値はほぼ等しくなると考えられます。しかし集団Bには，キー項目が含まれるリストBが提示されます。リストBを提示した集団Bにおいて該当項目の個数の平均値が，集団Aの平

---
[4] リストを作成する際，非キー項目には，回答のバイアスが生じないような項目を用意し，キー項目には，バイアスが予測される項目を用意します。また，リストの中でキー項目が浮かないように非キー項目を挙げるようにしましょう。

均値よりも大きければ，それはキー項目を加えたことによる増分だと考えられます。よって，キー項目である「危険ドラッグを経験したことがある」人の比率 p_{key} は，

$$p_{key} = \bar{x}_\mathrm{B} - \bar{x}_\mathrm{A} \tag{4.11}$$

のように，集団 A の該当項目の個数の平均値 $\bar{x}_\mathrm{A}$ と集団 B の該当項目の個数の平均値 $\bar{x}_\mathrm{B}$ の差によって計算することができます。

アイテムカウント法を利用した際の計算例を見てみましょう。200 人の回答者を 2 つの等質な集団に分割し，集団 A（100 人）には上述のリスト A を提示し，集団 B（100 人）にはリスト B を提示したとします。そのときの該当項目の個数の平均値はそれぞれ $\bar{x}_\mathrm{A} = 1.3$，$\bar{x}_\mathrm{B} = 1.4$ でした。ここから，「危険ドラッグを経験したことがある」人の比率 p_{key} は，以下のように求めることができます。

$$p_{key} = \bar{x}_\mathrm{B} - \bar{x}_\mathrm{A} = 1.4 - 1.3 = 0.1 \tag{4.12}$$

◎ 4.2.4 二重リスト法

二重リスト法は，上述のアイテムカウント法を拡張した方法です。アイテムカウント法では，集団 B にのみキー項目が提示されますが，二重リスト法では，両方の集団にキー項目が提示されるようにします。具体的には，まず先ほどと同様に，「痔の薬を飲んだことがある」「発毛剤を使用したことがある」「便秘薬を服用したことがある」という 3 項目でリスト O（短リスト）を作成し，これに「危険ドラッグを経験したことがある」を加えてリスト P（長リスト）を作成します。続いて，「睡眠導入剤を服用したことがある」「水虫薬を使用したことがある」「整腸剤を飲んだことがある」という 3 項目でリスト R（短リスト）を作成し，これに「危険ドラッグを経験したことがある」を加えてリスト Q（長リスト）を作成します。

短リスト O と長リスト Q を集団 A に回答してもらい，長リスト P と短リスト R を集団 B に回答してもらいます。各リストの割り当てをまとめると，表 4.2 のようになります。ここで重要な点は，問 1 と問 2 では非キー項目として別のものを利用するということです。

問 1 からアイテムカウント法を利用して危険ドラッグ経験者の比率を計算すると $p_1 = \bar{x}_\mathrm{P} - \bar{x}_\mathrm{O}$ となります。同様に問 2 から計算される危険ドラッグ経験者の比率は $p_2 = \bar{x}_\mathrm{Q} - \bar{x}_\mathrm{R}$ です。二重リスト法では，二つの問で得られた平均の加重平均によっ

て，「危険ドラッグを経験したことがある」人の比率を計算します．具体的には，以下の式を利用します．

$$\text{危険ドラッグの経験者の比率} = \frac{N_B \times p_1 + N_A \times p_2}{N} \quad (4.13)$$

N_A は集団 A の人数，N_B は集団 B の人数，N は全回答者の人数です．上式では，それぞれの集団の人数を重みとして加重平均を求めています．

二重リスト法の計算例として，300 人の回答者に二つの問に回答してもらった場合を考えます．集団 A（140 人）にはリスト O とリスト Q に回答してもらい，該当項目の個数の平均を計算するとそれぞれ $\bar{x}_O = 1.4$ と $\bar{x}_Q = 1.8$ でした．同様に，集団 B（160 人）にはリスト P とリスト R に回答してもらい，平均を計算すると $\bar{x}_P = 1.45$ と $\bar{x}_R = 1.6$ でした．これらの値を先ほどの式に代入すると，危険ドラッグ経験者の比率が計算されます．

$$\text{危険ドラッグの経験者の比率} = \frac{160 \times (1.45 - 1.4) + 140 \times (1.8 - 1.6)}{300} = 0.12 \quad (4.14)$$

表 4.2 二重リスト法

問	集団 A	集団 B
問 1	短リスト O	長リスト P
問 2	長リスト Q	短リスト R

◎ **4.2.5 Aggregated Response 法**

Aggregated Response 法は，アイテムカウント法の変形として提案された方法です．調査で知りたいキー項目が連続的な値を取る場合に，Aggregated Response 法は利用されます．ここでは，貯蓄額をキー項目として，貯蓄額の平均を調べることにします．アイテムカウント法と同様に等質な二つの集団（集団 A と集団 B）を用意し，集団 A には，携帯電話番号の下四桁の数字に貯蓄額（万円）を加えた数値を回答してもらいます．もう一方の集団 B には，携帯電話番号の下四桁の数字から貯蓄額（万円）を引いた数値を回答してもらいます．たとえば，集団 A に所属する貯蓄額 30 万円の人は，携帯電話番号の下四桁が 1234 であれば，1264(= 1234 + 30)

と回答します．携帯電話の番号が秘匿されていれば，得られた回答からアンケート実施者が回答者の貯蓄額を知ることはできません．

ここで集団 A から得られた数値の平均を計算してみます．得られた数値は，貯蓄額と携帯電話番号の下四桁の合計なので，平均値に関しても以下の関係が成り立ちます．

$$\text{集団 A の数値の平均} = \text{携帯電話番号の下四桁の平均} + \text{貯蓄額の平均} \quad (4.15)$$

つまり，集団 A から得られた数値の平均を計算しても，携帯電話番号の下四桁の平均が加算されているため貯蓄額の平均を直接知ることはできません．同様に，集団 B から得られた数値の平均を計算すると，次式が成り立ちます．

$$\text{集団 B の数値の平均} = \text{携帯電話番号の下四桁の平均} - \text{貯蓄額の平均} \quad (4.16)$$

この場合でも，貯蓄額の平均は分かりません．しかし，この二つの式を利用することで，貯蓄額の平均を算出することができます．具体的には，(4.15) 式から (4.16) 式を引くと，

$$(\text{集団 A の数値の平均}) - (\text{集団 B の数値の平均}) = 2 \times \text{貯蓄額の平均} \quad (4.17)$$

が得られます．上式の両辺を 2 で割ることにより，以下の式を導くことができます[*5]．

$$\text{貯蓄額の平均} = \frac{(\text{集団 A の数値の平均}) - (\text{集団 B の数値の平均})}{2} \quad (4.18)$$

つまり，本当に知りたい貯蓄額の平均は，集団 A の平均値と集団 B の平均値の差を 2 で割ることで算出することができます．

Aggregated Response 法を利用して貯蓄額の平均を求める計算例を示します．上述のように，集団 A には携帯電話番号の下四桁に貯蓄額を足した数値を，集団 B には下四桁から貯蓄額を引いた数値を回答してもらいます．その結果，それぞれの平均値が $\bar{x}_A = 5120$ と $\bar{x}_B = 4879$ でした．2 つの平均を利用すると貯蓄額の平均は 120.5 万円 ($= (5120 - 4879)/2$) になります．貯蓄額のようにあまり他人に知られたくない質問項目に関しても，Aggregated Response 法を利用することで，その平均値を計算することができます．

[*5] 携帯電話番号の下四桁の平均は集団Aと集団Bで同じであると仮定します．

4.2.6 その他

最後に，社会的望ましさバイアスが生じる可能性のある以下の質問を考えてみましょう。

> 項目例27：以下に示す就職先を選ぶ際の観点について，あなたが重要視する順にすべて並べ替えてください。
> A. 知名度　　B. 給与水準　　C. 福利厚生　　D. 社会性

直接的に就職先を選ぶ際の観点の重要度を尋ねたとしても，社会的に望ましい態度を取るほうが良いと判断されると，本音の回答を得ることは難しくなります。このような問題に対処するために，間接的に質問することで観点の重要度を算出します。まず，典型的な企業を 20～30 社挙げて，「就職希望度」「知名度」「給与水準」「福利厚生」「社会性」の観点で企業を評定します。次に，「就職希望度」とその他の観点との一致度を計算します[*6]。「就職希望度」との一致度が高い観点ほど重要視していると解釈します。

[*6] 一致度の算出には，第6章で説明する相関係数などを利用します。

■ 文献

棟近雅彦 監 鈴木督久・佐藤寧 著 (2012). アンケート調査の計画・分析入門, 日科技連出版社

鈴木淳子 著 (2011). 質問紙デザインの技法, ナカニシヤ出版

田栗正章・藤越康祝・柳井晴夫・ラオ, C. R. 著 (2007). やさしい統計入門―視聴率調査から多変量解析まで, 講談社

豊田秀樹 著 (1998). 調査法講義, 朝倉書店

土屋隆裕 著 (2009). 概説標本調査法, 朝倉書店

辻新六・有馬昌宏 著 (1897). アンケート調査の方法―実践ノウハウとパソコン支援―, 朝倉書店

Chapter.5 アンケートの結果を確認しよう −単純集計−

　第3章では，アンケート調査の企画について，第4章では質問項目を作る際の注意事項について学習しました。第5章以降では，実施したアンケート調査の結果の集計・分析方法について学習していきます。第5章では，分析を行うための環境作りと，質問項目の集計方法を説明します。

§5.1　統計解析環境 R

　この本では，統計解析環境 R を用いて分析を行います。R は，誰でも無料でインターネットからダウンロードすることができる統計計算とグラフィックスのためのフリーソフトウェアです。R はオープンソースである（R を構築したプログラムを誰でも見ることができる）ため，世界中の人が開発に携わることができます。その結果，開発速度が速く，バグも少ないソフトウェアとなっています。R は表計算ソフトとは異なり，自分で命令文を入力していきますので，はじめは使いにくいと感じるかもしれませんが，慣れれば商用ソフトウェアにも劣らないとても便利な環境です。

◎ 5.1.1 Rのインストール

ここでは，Windows版Rをインストールする手順を説明します[*1]。まず，Rのインストーラーをインターネットからダウンロードします。Rをダウンロードしたいパソコンで以下のURLにアクセスし，日本のミラーサイトを選択します。

`http://cran.r-project.org/mirrors.html`

すると，図5.1のような画面になりますので，Download R for Windowsをクリックします。表示された図5.2の画面で，install R for the first timeをクリックしま

[*1] RはWindows版以外にもMac OSX版，Linux版がありますが，この本ではWindows版のインストール方法のみ説明します。

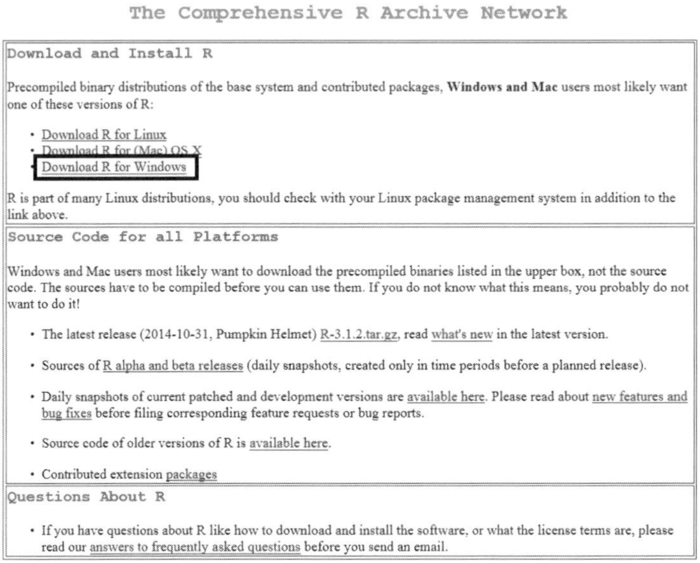

図 5.1　ダウンロードサイト

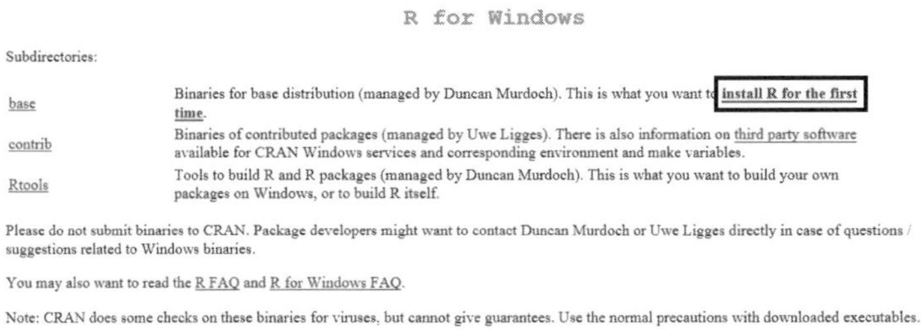

図 5.2　Windows版ダウンロード画面

[*2] Rは年に数回バージョンアップが行われ，ダウンロードする時期によってRのバージョンが異なります。Rのバージョンは，R *.*.* (*は数字) の形で表されます。この本では，R 3.1.2を使用しています。

す。図5.3のような画面が表示されますので[*2]，Download R 3.1.2 for Windows(54

megabytes, 32/64 bit:2015 年 2 月 26 日現在) をクリックし，R-3.1.2-win32.exe を，ハードディスクなどに保存してください。

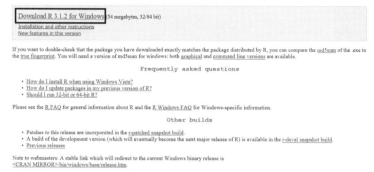

図 5.3 ファイルのダウンロード画面

次に，ダウンロードしたインストーラーから R をパソコンにインストールします。図 5.4 のような R のインストーラーを保存したフォルダを開き，R-3.1.2-win.exe をダブルクリックすると [*3]，R のインストーラーが起動し，図 5.5 が表示されます。インストール中に使用する言語を選択し，OK をクリックします。セットアップウィ

[*3] ダブルクリックをした後，セキュリティの警告画面やユーザーアカウント制御画面が出る場合もあります。それぞれ実行やはいをクリックしてください。

図 5.4 インストーラー保存フォルダ画面

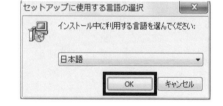

図 5.5 言語選択画面

ザードが開始しますので，図 5.6 の 次へ (N) > をクリックします。ライセンス条項が表示されます（図 5.7）ので，最後まで読んでから，次へ (N) > をクリックしてください。次に，インストール先を指定する画面（図 5.8）が出てきます。基本的には，そのまま 次へ (N) > をクリックします。続いて，インストールするコンポーネントを選択する画面（図 5.9）が表示されます。32-bit Files と 64-bit Files は使用している OS に合わせて選択してください。両方インストールすることも可能です。Message translations は日本語のメッセージを表示するために必要ですの

図 5.6 セットアップ画面

図 5.7 ライセンス条項確認画面

で，チェックは外さないようにしましょう。インストールする項目にチェックを入れ，次へ (N) > をクリックします。

図 5.8 インストール先指定画面

図 5.9 インストール項目確認画面

起動時のオプションを自分で設定するかどうかを選択する画面（図 5.10）は，通常は「いいえ（デフォルトのまま）」を選択した状態で 次へ (N) > をクリックします。R のショートカットをスタートメニューのどのプログラムグループに登録するかを指定する画面（図 5.11）が表示されます。通常は，そのまま 次へ (N) > をクリックします。

追加するタスクの選択画面（図 5.12）になります。この画面もそのまま 次へ (N) > をクリックします。イントールが開始され，しばらくすると図 5.13 が表示されます。完了 をクリックすると，インストールが終了し，デスクトップに R のアイコンが表示されます。

§5.1 統計解析環境 R   103

図 5.10　カスタマイズ選択画面

図 5.11　プログラムグループの指定画面

図 5.12　追加タスク選択画面

図 5.13　インストール完了画面

◎　5.1.2　R の使い方

　続いて，R の基本的な操作方法について説明します．まず，第 5 章以降で使用するデータやスクリプトが入っている zip ファイルを東京図書のホームページからダウンロードします．ダウンロードした zip ファイルを作業ディレクトリ（R に読み込むデータやスクリプトを保存しておいたり，R からデータを書き出したりするときに作業を行う場所）に解凍します．この本では，C ドライブ直下に "work" というフォルダを作成し，そこに zip ファイルを解凍します．解凍すると，"Rcode" というフォルダができ，その中にこの本で利用する R のスクリプトやデータが展開されます．

R の起動

　では，実際に R を立ち上げてみましょう．デスクトップ上にある R のアイコンをダブルクリックすると，R が起動し，図 5.14 のような画面が表示されます．ただし，Windows Vista 以降の OS を使用している場合は，アイコンを右クリックして，

[管理者として実行] を選択して起動してください[*4]。

*4 パッケージをインストールする際は，管理者として実行で起動させる必要があります。

　左側の文字が書いてある画面をコンソール画面と呼びます。コンソール画面には，入力したコードとその命令に従って計算された結果が表示されます。コンソール画面の一番下にプロンプトと呼ばれる記号（>）があります。この記号の後にコードを入力して，命令を実行します。また，画面の左上にある [ファイル] から [ヘルプ] までを，コンソール画面のメニューバーと言います。

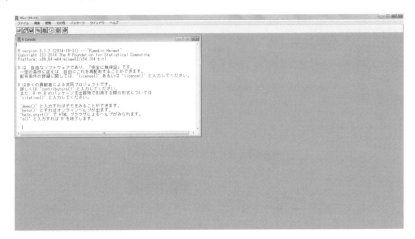

図 5.14 R コンソール画面

コンソール画面のフォントの指定

　コンソール画面に表示されるフォントは，英語のフォントに設定されているため，このまま分析を進めると，計算結果が見づらくなります。そこで，フォントを日本語の等幅フォントに変更します。コンソール画面のメニューバーから [編集] → [GUI プリファレンス] を選択します（図 5.15）。すると，図 5.16 のような画面が出てきます。Font の部分で MS Gothic を選択して，OK をクリックします。文字のサイズを変更したい場合には，size で好きな大きさを選択してください。

ディレクトリの指定

　次に，作業ディレクトリを指定します。コンソール画面のメニューバーから，[ファイル] → [ディレクトリの変更] と選択し，指定したいディスクやフォルダを探します。指定したいフォルダを見つけたら選択して OK をクリックします。この本では，C ドライブ直下の "work" フォルダ内の "Rcode" を指定します（図 5.18）。

§5.1 統計解析環境 R　105

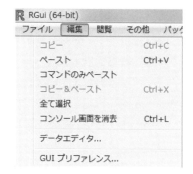

図 5.15　メニューバー [編集]

図 5.16　GUI プリファレンス

図 5.17　メニューバー [ファイル]

図 5.18　作業ディレクトリの指定

エディタ画面・パッケージ

　R に命令をする際は，コンソール画面に直接コード（命令文）を入力して実行することが可能です．しかし，コードを R のコンソール画面に直接入力すると，書き直すことができないため，間違ってしまった際に始めからもう一度入力しなおさなくてはなりません．実際に分析を行う場合には，1 つの命令が長くなることも多いため，これでは大変不便です．そこで，R に命令をする際は，コンソール画面には直接打ち込まず，別のエディタにコードを入力し，まとめて実行します．Windows 版 R では，R 専用のエディタがあり，メニューバーの [ファイル] → [新しいスクリプト] を選択して立ち上げます．また，あらかじめテキストファイルなどで作成したスクリプトを使用することもできます．その際は，あらかじめ作成したスクリプトファイルの拡張子を ".R" にし，作業ディレクトリに保存しておくと便利です．作成してあるスクリプトは，メニューバーから [ファイル] → [スクリプトを開く] で探します．スクリプトファイルの拡張子が ".R" でない場合には，探す際にファイル名を

"R files (*.R)"から"All files(*.*)"に変更する必要があります（図 5.19）。ここでは，[Rscript] → [5-1.R] を選択し，開くをクリックします．すると，新たにエディタ画面が開きます．コンソール画面とエディタ画面を左右に並べて表示したい場合には，R メニューバーから [ウインドウ] → [横に並べて表示] と選択します（図 5.20）．

図 5.19 スクリプトを開く

図 5.20 R のコンソールとエディタ画面を並べる

　エディタに入力したコードを実行するには，実行する範囲をマウスなどで選択します．そして，選択した状態で右クリックをして [カーソル行または選択中の R コードを実行] を選択します．そうすると，選択した範囲にあるコードがコンソール画面に入力され，実行した結果が表示されます．[カーソル行または選択中の R コードを実行] をクリックする以外にも，Ctrl+R や F5 キーでも実行することができます．また，1 行ずつ実行する場合には，カーソルを実行したい行に合わせて，上記の操作を行います．

では，Rで簡単な計算をしてみましょう。エディタ画面に

```
(7+5-3*2)/3  #入力練習
```

と入力して実行します。すると，コンソール画面に

```
> (7+5-3*2)/3  #入力練習
[1] 2
```

と表示されます[*5]。#の後ろはコメントとなり，命令に影響しません。#を使うことで，そのコードが何をしているのか，メモとして残しておくことができます。上記の例のように四則演算は，演算子（+,-,*,/）を使用することで簡単に行うことができます。一方，ルートや対数など演算子のない計算を行う場合には **関数** を用います。たとえば$\sqrt{2}$は sqrt(2) と入力することで求めることができます。この sqrt() が関数です。Rには，ルートや対数など計算を行う関数以外にもグラフを書いたり，表を作成したりする関数など，さまざまな関数が用意されています。関数は，数が多いためパッケージとして分けられており，パッケージに入っている関数を利用するためには，それぞれのパッケージをインストールしておく必要があります[*6]。パッケージは一度インストールすれば，使いたいときに読み込むだけで使用することが可能です。パッケージをインストールする際は，関数 install.packages() を使用します。たとえば，psych というパッケージをインストールする場合には，

```
install.packages("psych")
```

と入力し実行します。すると，ダウンロードに使用するサイトを選択する画面が表示されます。選ぶサイトは，使用しているパソコンがある場所に一番近い場所のものにすると，ダウンロードにかかる時間が少なくて済みます。この本では，Japan(Tsukuba) を選択します。ダウンロードが開始され，コンソール画面にプロンプトが表示されれば，インストールは完了です。5-1.R には，この本で利用するパッケージをインストールするためのコードが書いてあります。あらかじめインストールしておいてください。

次に，パッケージ内の関数を使用したい場合には，関数 library() を用います。パッケージ psych を読み込む際には，

[*5] 以降この本では，エディタ画面に入力するコードのみを示す際には > なし，実行したコードとコンソール画面に表示される結果をまとめて表示する際はコードに > をつけて，☐ 内に示します。

[*6] すべての関数がパッケージに入っているわけではありません。

```
library(psych)
```

を実行します。毎回すべてのパッケージを読み込む必要はありませんので，必要に応じて読み込んでください。

また，この本では，独自に作成した関数（自作関数）を使用します。その関数を使用するためには

```
source("myfunc/myfunc.R")
```

を実行する必要があります。

Rの終了

Rを終了する際は，まずエディタ画面を保存するために，エディタ画面を一度クリックしアクティブにした状態でエディタ画面のメニューバーから [ファイル] → [保存] を選択します。エディタ画面をアクティブにした状態で Ctrl + S でも保存することができます。

エディタ画面を保存したら，Rの右上にある × をクリックします。すると，[作業スペースを保存しますか？] と表示されます。エディタ画面で保存したスクリプトを使用すればいつでも結果は再現できますので，ここでは基本的には [いいえ] をクリックします。すると，Rの画面が閉じてデスクトップ画面に戻ります。

§5.2　●分析の準備

Rを使用する環境が整いましたので，第5章2節では，Rを使って分析を行うための準備をしていきます。

◎ 5.2.1　データと変量

第5章と第6章で使用するアンケートデータは，既婚の30代会社員50名に8個の質問項目に回答してもらった形式の結果です。図5.21に，使用したフォーム，図5.22にフォームからダウンロードしたCSVファイルの一部を示しました。以降，この結果を「労働データ」と呼ぶこととします。また，表5.1には，本節以降で使用

するコードをまとめて示しました*7。

　30代の会社員の労働環境に関する調査の4問目では，1ヶ月の給与について質問しています。給与は，人によって異なります。また，同じ人であっても，昇進などで給与は変化していきます。こうした「個人や状況によって値が変わるもの」を **変量** といいます。そして，ある変量に関して，複数の人の値を集めたものを **データ**，317000（円）など個々の値を **データの値** といいます。

　図5.22では，横の行 (row) に50人の回答者を，縦の列 (column) に8個の質問項目を配しています。質問項目は，統計処理を行う際，変量と呼ばれます。また，行と列が交わる部分をセルと呼びます。労働データの第1行*8 は，1番目の回答者の結果であり，第1行，第4列のセルに格納されている 197 という値は，1番目の回答者の1ヶ月の平均的な労働時間を表しています。図5.21のように，多数の変量について値を得たものを **多変量データ** と呼びます。

　変量を集計する際には，それぞれの変量の性質の違いを意識する必要があります。変量の分類はさまざまな方法がありますが，大きく分けると **質的変量** と **量的変量** に分類できます。質的変量は，「性別（男性・女性）」，「クラス（1・2・3）」などいくつかに分類されたカテゴリの中から1つのカテゴリをとる変量です。質的変量は，データを分類するための変量であり，データの値自体に数量的な意味はありません。たとえば，「労働データ」の「居住地域」では，「北海道」は1，「東北」は2など数字が割り当てられています。しかし，この数字にはどちらのほうが上かといった意味はなく，分類すること以外には意味を持っていません。したがって，「北海道」を6，「東北」を7に変更しても分類は可能です。また，北海道＋東北＝1+2=3 といった計算は結果が解釈できないため，四則演算を行って得られる結果にも意味がありません。一方，「家族の人数」や「身長」といった何らかの量をどの程度持っているかを表す変量を量的変量といいます。量的変量は，データの値を演算することができ，平均身長などは一般にもよく用いられます。このように質的変量と量的変量は，可能な演算操作範囲が異なりますので，しっかりと区別するようにしましょう。

◎ **5.2.2　データの成形**

　まずは，関数 `read.csv()` を使用して，CSV形式のデータをRに読み込みます。関数 `read.csv()` の主な引数*9 とその既定値*10 は，

*7 Rscript内のChap5.Rにコードがあります。[スクリプトを開く]から開いて使用してください。

*8 タイムスタンプや性別など，質問項目が書かれている部分は，行として数えません。

*9 関数の()内に入力する計算を行う際に関数に指定するもの。

*10 元々設定されている値。

第 5 章 アンケートの結果を確認しよう –単純集計–

30代の会社員の労働環境に関する調査

各項目に、単位は省略して数値だけを入力してください。

性別
- 女性
- 男性

あなたの年齢は何歳ですか。

あなたの1ヶ月の平均的な労働時間は何時間ですか。

あなたの1ヶ月の給与はいくらですか。

あなたの最高血圧は何mmHgですか。
日常使われる血圧100という言い方は100mmHgのことを指します。

あなたの会社の社員数は何人ですか。

あなたの世帯年収はいくらですか。(円)

あなたのお住まいの地域はどこですか。

図 5.21 使用したフォーム

	A	B	C	D	E	F	G	H	I
1	タイムスタンプ	性別	あなたの年齢は何歳ですか。	あなたの1ヶ月の平均的な労働時間は何時間ですか。	あなたの1ヶ月の給与はいくらですか。	あなたの最高血圧は何mmHgですか。	あなたの会社の社員数は何人ですか。	あなたの世帯年収はいくらですか。(円)	あなたのお住まいの地域はどこですか。
2	yyyy/mm/	男性	36	197	317000	156	1659	10396000	3 関東
3	yyyy/mm/	男性	36	196	328000	141	3500	9634000	5 関東
4	yyyy/mm/	男性	31	194	281000	115	1608	5560000	9 九州・沖縄
5	yyyy/mm/	女性	34	212	281000	135	1334	6823000	3 関東
6	yyyy/mm/	女性	35	195	286000	114	1065	5548000	3 関東
7	yyyy/mm/	男性	32	206	267000	115	1377	4950000	5 関東
8	yyyy/mm/	男性	35	183	292000	106	1377	7652000	3 関東
9	yyyy/mm/	女性	37	211	288000	136	927	5955000	4 中部
10	yyyy/mm/	男性	37	196	315000	149	1697	11500000	3 関東
11	yyyy/mm/	男性	35	210	289000	133	2138	5980000	4 中部
12	yyyy/mm/	男性	33	194	290000	126	1555	6883000	5 関東
13	yyyy/mm/	女性	32	201	284000	120	1928	5385000	3 関東
14	yyyy/mm/	男性	33	200	290000	136	1221	5970000	5 関東
15	yyyy/mm/	男性	38	174	314000	113	1628	9560000	3 関東
16	yyyy/mm/	女性	37	192	287000	98	1430	5924000	1 東北
17	yyyy/mm/	男性	33	184	295000	116	1505	8221000	3 関東
18	yyyy/mm/	男性	34	199	286000	121	1627	5735000	7 四国
19	yyyy/mm/	男性	37	218	291000	147	1720	5760000	4 中部
20	yyyy/mm/	男性	34	205	275000	121	1274	7501000	6 中国

図 5.22 CSV ファイルの一部

表 **5.1** 5 章で使用するコード

```
source("myfunc/myfunc.R")
labor_data0<-read.csv("data/labor.csv",fileEncoding="UTF-8")
head(labor_data0,n=5)
labor_data0[2,] #2 行目のデータ（2 番目の回答者の結果）を表示
labor_data0[,4] #4 列目のデータ（労働時の結果）を表示
labor_data0[2,4] #2 行 4 列のセルのデータ（2 番目の回答者の労働時間）を表示
labor_data0$あなたの 1 ヶ月の平均的な労働時間は何時間ですか。
labor_data0[,"あなたの 1 ヶ月の平均的な労働時間は何時間ですか。"]
labor_data<-labor_data0[,-1]
colnames(labor_data)<-c("性別","年齢","労働時間","給与","血圧","社員数",
        "世帯年収","居住地域")
head(labor_data,n=5)
write.csv(labor_data,"data/labor_data.csv",row.names=F,
        fileEncoding="Shift_JIS")
table(labor_data$性別)
table(labor_data[,8])
prop.table(table(labor_data$性別))
prop.table(table(labor_data[,"居住地域"]))
min(labor_data$労働時間)
max(labor_data$労働時間)
(interval<-seq(170,230,10))
(freq(labor_data$労働時間,intera=interval))
hist(labor_data$労働時間,breaks=seq(170,230,10),right=F,ylim=c(0,25),xlab="労働
時間",ylab="度数")
mean(labor_data$労働時間)
colMeans(labor_data[,-c(1,8)])
mean(labor_data$世帯年収)
labor_data_m<-subset(labor_data, 性別=="男性")
head(labor_data_m,3)
labor_data_f<-subset(labor_data, 性別=="女性")
head(labor_data_f,3)
mean(labor_data_m$労働時間)
mean(labor_data_f$労働時間)
median(labor_data$労働時間)
median(labor_data$世帯年収)
mo0<-table(labor_data$居住地域)
rev(sort(mo0))[1:5]
max(labor_data$労働時間)-min(labor_data$労働時間)
max(labor_data$世帯年収)
min(labor_data$世帯年収)
max(labor_data$世帯年収)-min(labor_data$世帯年収)
quan(labor_data$労働時間)
myiqr(labor_data$労働時間)
myiqr(labor_data$労働時間)/2
quan(labor_data$世帯年収)
nvar(labor_data$労働時間)
nsd(labor_data$労働時間)
```

```
read.csv(file,header=T,row.names,fileEncoding)
```

です[*11]。1つ目の引数 file では，読み込むファイルの場所と名前を指定します。2つ目の引数 header=T は，1行目を変数名とする命令です。既定値は T なので，1行目を変数名とする場合には，省略できます。1行目にデータが入っている場合は，header=F とします。図 5.22 のデータは，1行目に変数名が入っているため，省略可能です。3つ目の引数 row.names は，行名を指定する部分です。今回は，行名がないため，row.names は省略します。4つ目の引数 fileEncoding は，読み込みファイルの文字コードを指定する部分です。ダウンロードした CSV ファイルの文字コードは，UTF-8 であるため，fileEncoding="UTF-8" と指定します。

[*11] 以降，関数の引数とその規定値など，関数の使用方法を示す際は，□で囲みます。

```
labor_data0<-read.csv(file="data/labor.csv",fileEncoding="UTF-8")
```

を実行し図 5.22 のデータを読み込みます。ここでは，読み込んだ CSV ファイルの内容を labor_data0<- の命令によって，labor_data0 というオブジェクト[*12]に代入しています。多変量データが付値されたオブジェクト labor_data0 は，R ではデータフレームと呼ばれます。

[*12] データが一つ以上あるもの，計算処理を定義した関数など，計算にかかわるものをオブジェクトと呼びます。

　上記のコードでは，コンソール画面には実行したコードしか表示されません。代入した結果を確認したい場合には，オブジェクト名をそのまま入力し実行します。あるいは，代入するコード全体を () で囲んだ状態で実行すると，代入の処理と表示を一つのコードで行うことが可能です。しかし，データ数が多い場合などはすべて表示すると見づらくなってしまいます。こうした場合は，関数 head()

```
head(データフレーム, n=6)
```

を使用します。n に表示したい行数を指定することで，1行目からその行数分のデータのみを表示することができます。

```
head(labor_data0,n=5)
```

を実行すると，

```
              タイムスタンプ          性別       あなたの年齢は何歳ですか。
1      yyyy/mm/dd hh:mm:ss       男性                          36
2      yyyy/mm/dd hh:mm:ss       男性                          35
3      yyyy/mm/dd hh:mm:ss       男性                          31
4      yyyy/mm/dd hh:mm:ss       男性                          34
5      yyyy/mm/dd hh:mm:ss       男性                          37
```

のようにはじめの5人分のデータが示されます[13]。

また，データフレーム全体ではなく，特定の各要素を取り出すには，データフレーム [行数, 列数] を使用します。データフレームにおいて変量は列であるため，特定の変量のみを指定する場合は，データフレーム$変量，またはデータフレーム [,"変量"] で表現できます。以下に使用例を示します[14]。

```
>labor_data0[2,]  #2 行目のデータ（2番目の回答者の結果）を表示
              タイムスタンプ          性別       あなたの年齢は何歳ですか。
2      yyyy/mm/dd hh:mm:ss       男性                          35
>labor_data0[,4]  #4 列目のデータを表示
#labor_data0$あなたの1ヶ月の平均的な労働時間は何時間ですか。
#labor_data0[,"あなたの1ヶ月の平均的な労働時間は何時間ですか。"]
 [1] 197 196 194 212 195 206 183 211 196 210 194 201 200 174 192 184
>labor_data0[2,4]  #2 行 4 列のセルのデータ（2番目の回答者の労働時間）を表示
 [1] 196
```

フォームからCSVファイルに変換してダウンロードすると，タイムスタンプに回答年月日が入力された状態となっています。タイムスタンプは分析には使用しないため，1列目を削除します。特定の列を削除したいときには，列数にマイナスを付けて以下のように命令します。

```
labor_data<-labor_data0[,-1]
```

このように，データフレーム名 [行数, 列数] では，行数・列数に正の値を入力すると，指定した行・列にアクセスすることができ，負の数を入力すると，指定した行・列を削除することができます。

フォームからダウンロードしたCSVファイルは，質問文がそのまま変量名となっています。このままでは一つひとつが長く，とても不便ですので，関数 colnames() と関数 c() を

[13] ここでは，3問分のみ掲載しましたが，Rではすべての質問項目について5人分が表示されます。

[14] 出力結果は，紙面の都合上一部のみ表示しています。

```
colnames(データフレーム名) <- c("変量名 1","変量名 2")
```

のように使用して変量名を分析しやすい名前に変更します。関数 `colnames()` は，列名にアクセスする関数であり，関数 `c()` はベクトル[15]を作成する関数です。ここでは，`labor_data` の変量名を性別，年齢，労働時間，給与，血圧，社員数，世帯年収，居住地域とするために，

[15]数字や文字を1次元的にまとめたもの．

```
colnames(labor_data)<-c("性別","年齢","労働時間","給与","血圧",
                        "社員数","世帯年収","居住地域")
```

とします。最後に，関数 `head()` を使用し，成形したデータフレームを確認すると，

```
  性別 年齢 労働時間 給与   血圧 社員数 世帯年収   居住地域
1 男性   36      185 315000  134   1890 10396000    3. 関東
2 男性   35      189 328000  126   2040  9634000    5. 関西
3 男性   31      207 281000  124   1516  5560000 8. 九州・沖縄
4 男性   34      192 281000  109   1284  6823000    3. 関東
5 男性   37      209 286000  140   1104  5548000    3. 関東
```

のようになります。成形したデータは関数 `write.csv()`

```
write.csv(オブジェクト名,"保存するファイル名",row.names=T,fileEncoding)
```

を使用して，CSV ファイルに書き出しておくと，次回からはデータ成形を行う必要がなくなり，便利です。3 番目の引数 `row.names=T` は，行番号を 1 列目とするかどうか指定する部分です。今回は，行番号は必要ではないため，`row.names=F` と指定します。また，文字コードを Shift_JIS に変更するために，`fileEncoding="Shift_JIS"` と指定します。次のコード

[16]以降，使用するデータは，本項で施した操作を行い，分析しやすい形式に直したデータを配布しています．

```
write.csv(labor_data,"data/labor_data.csv",row.names=F,
          fileEncoding="Shift_JIS")
```

を実行すると，作業ディレクトリである"Rcode"内の"data"フォルダに `labor_data.csv` が出力されます[16]。

§5.3 比率

それでは，実際に分析を行っていきましょう。

まず質的変数の集計方法を説明します。質的変数は前述したように，四則演算はできません。そこで質的変数を集計する際は，各カテゴリの頻度や比率を，表・グラフにまとめます。

一般に，「性別（男性・女性）」や，「経験の有無（あり・なし）」で得られる回答など，2つのカテゴリカルな値[*17]を持つデータを2値データといいます。また，「性別」において，男性であれば0，女性であれば1とするように，分類を2つの数値に置き換えたものを**ダミー変数**といいます。ダミー変数は，平均がその変量の比率になるため，2値データを数値で置き換える場合によく使用されます。一方，「居住地域」のように複数のカテゴリを持つデータを**多値データ**といいます。多値データにおいても，数値で置き換えられる場合には，**カテゴリカル変数**と呼びます。

[*17]順序関係のない離散的な値。

実際に，「労働データ」の「性別」と「居住地域」に関して，各カテゴリの頻度を求めてみます。頻度は，関数 table()

```
table(変量)
```

を使用して求めます。

```
> table(labor_data$性別)
女性 男性
 25   25
> table(labor_data[,8])
2. 東北   3. 関東   4. 中部   5. 関西   6. 中国   7. 四国   8. 九州・沖縄
    3        16        5        12        3         4          7
```

また，比率は関数 prop.table()

```
prop.table(頻度)
```

を使用して求めます。

```
> prop.table(table(labor_data$性別))
女性 男性
 0.5  0.5
> prop.table(table(labor_data[,"居住地域"]))
2.東北   3.関東   4.中部   5.関西   6.中国   7.四国   8.九州・沖縄
  0.06     0.32     0.10     0.24     0.06     0.08       0.14
```

上記の例のように，引数に変量を指定する場合，前述したいずれの方法でも指定可能です。

§5.4 ● データの整理

次に，量的変量の分析方法を説明します。

図 5.22 の多変量データを眺めていても，調査結果の特徴を把握することはできません。そこで，データを図に要約して，視覚的に特徴を捉えることを考えます。

◎ 5.4.1 度数分布・ヒストグラム

1 つの変量の分布を表す図として，**ヒストグラム** があります。ヒストグラムを作成するために，まず **度数分布表** を作成します。

ここでは，「労働データ」の「労働時間」のデータを使用します。「労働時間」のデータを，次の表 5.2 のように整理しました。表 5.2 を度数分布表といいます。変量の値の範囲を重ならないように設定した区間を **階級** といい，その区間の幅（各階級の端点の差）を **階級の幅**，各区間の中央の値を **階級値** といいます。また，各階級に含まれる値の個数を **度数** といいます。表 5.2 の階級幅は 10 時間です。階級 180 時間以上 190 時間未満の度数は 4，階級値は 185 時間と読みます。

度数分布表は，関数 `min()` と関数 `max()`，関数 `seq()`，自作関数 `freq()`

```
min(変量)
max(変量)
seq(左端, 右端, 階級の幅)
freq(変量, inter)
```

表 5.2 「労働時間」の度数分布

階級（時間）以上〜未満	度数（人）
170〜180	1
180〜190	4
190〜200	21
200〜210	16
210〜220	6
220〜230	2

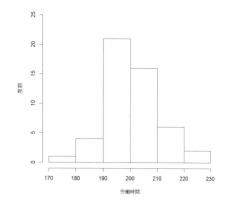

図 5.23　「労働時間」のヒストグラム

を使用して作成します．まず，度数分布表を作成する区間を決めるために，データの最小値を求める関数 min() と最大値を求める関数 max() を使用します．

```
> min(labor_data$労働時間)
[1] 174
> max(labor_data$労働時間)
[1] 226
```

「労働時間」の最小値は 174，最大値は 226 であったため，度数分布表の範囲を 170 から 230 まで，階級の幅を 10 とします．これら値をそれぞれ関数 seq() の左端と右端，階級の幅に入力し，interval というオブジェクトに代入します．すると，170 から 230 までを 10 ずつ区切った値が返されます．このオブジェクトを関数 freq() の 2 つ目の引数 inter の部分に指定すると，

```
> (interval<-seq(170,230,10))
[1] 170 180 190 200 210 220 230
> (freq(labor_data$労働時間,inter=interval))
[170,180) [180,190) [190,200) [200,210) [210,220) [220,230)
        1         4        21        16         6         2
```

のように，度数分布表を作成することができます．なお，出力結果の) は未満，[は以上，] は以下を表しています．

度数分布表で階級の幅を底辺，度数を高さとする長方形を隙間なく並べて描いた図がヒストグラムです．図 5.23 は，表 5.2 をヒストグラムで表したものです．ヒス

トグラムは，関数 hist()

```
hist(変量,breaks,right=T,ylim,xlab,ylab)
```

で描くことができます。2番目の引数 breaks では階級の分け方を指定します。ここでは，度数分布表と同じく，seq(170,230,10) を指定します。3番目の引数 right は，階級をより大きい〜以下とするか，以上〜未満とするかを指定する部分です。right=T の場合は，より大きい〜以下で作成されます。4番目の引数 ylim では，y 軸の範囲を指定し，5番目，6番目の引数 xlab，ylab では y 軸，x 軸のラベルを指定します。

```
hist(labor_data$労働時間,breaks=seq(170,230,10),right=F,ylim=c(0,25),
     xlab="労働時間",ylab="度数")
```

図 5.23 から，190 時間から 210 時間の度数が多く，190 時間未満や 210 時間以上の度数は少ない傾向にあることがわかります。

§5.5　データの代表値

度数分布表や，ヒストグラムを作成することで，それぞれの変量に関して全体の様子を見ることができました。次に，各変量全体の特徴を 1 つの数値で表すことを考えます。変量の特徴を 1 つの数値で表すとはどういうことでしょうか。それは，変量の位置を表すということです。このような値を **代表値** といいます。この本では，データの分布の中心の位置を表す主な代表値として，平均値，中央値，最頻値の 3 つを扱います。

◎ 5.5.1　平均値

平均値については，第 4 章で既に学習した通り，当該変量のデータの値の総和をデータ数で割った値です。平均値は，関数 mean()

```
mean(変量)
```

を使用し求めます。「労働データ」の「労働時間」と「世帯年収」の平均値は

```
> mean(labor_data$労働時間)
[1] 200.04
> mean(labor_data$世帯年収)
[1] 7110840
```

となります．Rでは，複数の変量の平均値を一度に求める関数 `colMeans()`

```
colMeans(データフレーム)
```

も用意されています．ただし，関数 `colMeans()` の引数に指定できるのは，量的変量のみを持つデータフレームであるため，ここでは「性別」と「居住地域」を除いたデータフレームを指定する必要があります．1つの変量を削除する方法は，すでに説明しましたが，2つ以上削除したい場合には同じように命令することはできません．複数の変量を一度に削除する場合は，削除したい列を関数 `c()` を用いて指定します．「性別」は1列目，「居住地域」は8列目であるため，量的変量のみのデータフレームは，`labor_data[,-c(1,8)]` で作成できます．

```
> colMeans(labor_data[,-c(1,8)])
      年齢     労働時間        給与        血圧      社員数    世帯年収
     34.98      200.04    289900.00     125.02     1531.12  7110840.00
```

「労働時間」と「世帯年収」見ると，関数 `mean()` で得られた結果と同じ結果となっていることが確認できます．

また，平均値を「性別」や「居住地域」ごとに求めることもできます．カテゴリごとに集計を行う場合には，関数 `subset()` でデータをカテゴリごとに分割する必要があります．

```
subset(データフレーム, 条件式)
```

男性のデータを作る場合は，条件式の部分に性別=="男性"と入力します．変量==""は，当該変量においてデータの値が""で囲まれた値である，ということを意味しています．`==` 以外にも `<` でより小さい，`>` でより大きいといった条件を与えることもできます．

```
> labor_data_m<-subset(labor_data,性別=="男性")
> head(labor_data_m,3)
  性別 年齢 労働時間  給与 血圧 社員数 世帯年収
1 男性   36      197 317000  156   1659 10396000
2 男性   36      196 328000  141   3500  9634000
3 男性   31      194 281000  115   1608  5560000
> labor_data_f<-subset(labor_data,性別=="女性")
> head(labor_data_f,3)
  性別 年齢 労働時間  給与 血圧 社員数 世帯年収
4 女性   34      212 281000  135   1334  6823000
5 女性   35      195 286000  114   1065  5548000
7 女性   35      183 292000  106   1377  7652000
> mean(labor_data_m$労働時間)
[1] 201.04
> mean(labor_data_f$労働時間)
[1] 199.04
```

◎ 5.5.2 中央値

データすべてを小さい順に並べた際,その中央に位置する値を **中央値(メジアン)** といいます。データが奇数個である場合は,中央に位置する値は1つに定まりますが,データが偶数個である場合には,中央に位置する値は2つあることになります。「労働データ」は50人分のデータであるため,25番目と26番目の2つが中央になります。この場合,一般的に中央にある2つの値の平均値を中央値とします。

中央値は関数 `median()`

```
median(変量)
```

で求めることができます。「労働時間」と「世帯年収」の中央値は

```
> median(labor_data$労働時間)
[1] 199
> median(labor_data$世帯年収)
[1] 6318000
```

となります。ここで,「労働時間」の平均値と中央値を比較すると,200.04と199で

近い値となっていますが,「世帯年収」では,平均値である 7110840 円のほうが中央値よりも 792840 円高くなっています。これはいったいなぜでしょうか。

「世帯年収」のヒストグラムを図 5.24 に示しました。図 5.24 より,1 人だけ著しく高い金額の人がいることがわかります。このように,データの中で,他のデータの値に比べて極端に大きかったり小さかったりする少数のデータの値を **外れ値** といいます。平均値は,データ 1 つひとつの値をすべて使って求めることにより,外れ値に影響されやすく,データの代表値として不適切な値となることがあります。一方,中央値は,外れ値が存在していても,最大値や最小値の値自体に関係なく順位で決まるため,その影響を受けにくく,安定しています[18]。「世帯年収」の平均値は,外れ値の影響を受けて高くなってしまっていると考えることができます。

[18] このような性質を抵抗性があるといいます。また,次項で説明する最頻値も抵抗性のある代表値です。

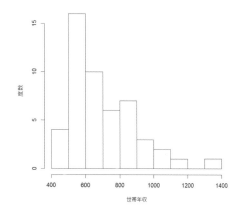

図 5.24　「世帯年収」のヒストグラム

◎ **5.5.3　最頻値**

変量の値の中で度数が最大である値を **最頻値**(モード)といいます。平均値と中央値は 1 つの値でしたが,最頻値は 1 つの変量の中で,度数の最も大きい値が 1 つだけであるとは限らないため,複数あることもあります。連続変数では,同じ値を取ることは少ないため,度数分布表において度数が最も大きい階級の階級値を最頻値とみなします。図 5.24 より,「世帯年収」では,500 万円以上 600 万円未満の階級が最も度数が多くなっています。したがって,最頻値は 550 万円となります。ただし,度数分布表やヒストグラムから最頻値を得る場合には,階級の幅の影響を受

けるため，注意が必要です。また，最頻値は質的変量の場合にも求めることができます。質的変量の場合は，関数table()と，関数sort()，関数rev()

```
sort(変量)
rev(変量)
```

を用います。関数sort()は，当該変量のデータの値を小さい順に並べる関数，関数rev()は，順序を逆転させる関数です。まず，関数table()で求めた頻度をmo0に代入します。そして，関数sort()で小さい順に並び替えた後，関数rev()で大きい順に並び替えます。最頻値は，1つとは限らないため，[1:5]の命令で大きいほうから順番に5つ表示させます。

```
> mo0<-table(labor_data$居住地域)
> rev(sort(mo0))[1:5]
    3.関東      5.関西   8.九州・沖縄    4.中部      6.四国
       16          12            7           5           4
```

上記のような結果が返され，最頻値は関東であることがわかります。

　平均値は，すべてのデータを用いて算出するため，データの持つ情報を有効に活用していますが，外れ値の影響を受けやすい値です。中央値は，外れ値の影響を受けにくいですが，データの多くが並べ替えのためだけに使われており，個々の数値が代表値に直接反映されません。また，最頻値も外れ値の影響は受けにくい値ですが，階級幅の分割方法に依存してしまう点があります。したがって，代表値を確認する際には，どれか1つだけを確認するのではなく，複数の代表値を確認するようにしましょう。

§5.6　●データの散らばり

　代表値は，1つの数値で，データの位置を示す指標でした。しかし，代表値だけでは，データの分布を十分に表現することはできません。そこで，もう少し詳しく分布の形状を明らかにするために，データの散らばりの程度を表す指標を考えます。

◎ 5.6.1 範囲

データの最大値と最小値の差を，そのデータの **範囲**（レンジ）といいます。範囲は，関数 `max()` と関数 `min()` を用いて求めます。

```
> max(labor_data$労働時間)-min(labor_data$労働時間)
[1] 52
>max(labor_data$世帯年収)
[1] 13500000
>min(labor_data$世帯年収)
[1] 4750000
> max(labor_data$世帯年収)-min(labor_data$世帯年収)
[1] 8750000
```

◎ 5.6.2 四分位範囲・四分位偏差

データを昇順に並べ，データ全体をいくつかの群にデータの個数で等分した際の境界の値を分位数といいます。データ全体を 4 等分した場合の四分位数がよく使用されます。4 等分する位置にあるデータを小さいほうから順に，**第 1 四分位数**(Q_1)，**第 2 四分位数**（中央値，Q_2），**第 3 四分位数**(Q_3) といいます。また，Q_3 と Q_1 の差を **四分位範囲** といい，四分位範囲を 2 で割ったものを **四分位偏差** といいます。

四分位数を求める際は，まずはじめに Q_2 を求めます。そして，Q_2 よりも小さい値のデータの中央値をとり，Q_1 とします。同様に，中央値よりも大きい値のデータの中央値をとり，Q_3 とします。実際に少ないデータで考えてみましょう。「労働時間」の 4 人目までのデータを小さい順に並べ替えると 185, 189, 192, 207 となります。中央値は 190.5 ですので，190.5 よりも小さい 185 と 189 の中央値 187 が Q_1，190.5 よりも大きい 192 と 207 の中央値 199.5 が Q_3 となります。また，5 人目までのデータを小さい順に並べ替えると 185, 189, 192, 207, 209 となります。中央値は 192 ですので，192 よりも小さい 185 と 189 の中央値 187 が Q_1，192 よりも大きい 207 と 209 の中央値 208 が Q_3 となります。

四分位数は自作関数 `quan()`，四分位範囲・四分位偏差は自作関数 `myiqr()`

```
quan(変量)
myiqr(変量)
```

を用いて求めます [*19]。

```
> quan(labor_data$労働時間)
[1] 194 199 206
> myiqr(labor_data$労働時間)
[1] 12
> myiqr(labor_data$労働時間)/2
[1] 6
> quan(labor_data$世帯年収)
[1] 5760000  6318000  8253000
```

[*19] Rでは，四分位数を求める関数 `quantile()`，四分位範囲を求める関数 `IQR()` が用意されています。しかし，四分位数を求める方法にはさまざまな流儀があり，この本で説明した高校の教科書の方法はこれらの関数の流儀とは異なるため，自作関数を用意しました。

分位数によって，分布が左右対称であるのか，またはどちらかの裾が長いのか，など分布の形状を知ることができます。「労働時間」のデータでは，Q_2 と Q_1 の差は 5，Q_3 と Q_2 の差は 7 です。また，Q_2 と最小値の差は 25，最大値と Q_2 の差は 27 であり，左右で大きな違いはありません。したがって，「労働時間」のデータは左右対称な分布に近いことがわかります。一方，「世帯年収」のデータでは，Q_2 と Q_1 の差は 558000，Q_3 と Q_2 の差は 1935000 です。また，Q_2 と最小値の差は 1568000，最大値と Q_2 の差は 7182000 です。このように，$(Q_2 - Q_1) < (Q_3 - Q_2)$，$(Q_2 - 最小値) < (最大値 - Q_2)$ となっている分布を，正に裾が長くなっていると表します。図 5.24 では，確かに右側に裾が長くなっていることが確認できます。また，符号が逆になる場合は，負に裾が長くなっていると表します。

◎ 5.6.3 分散・標準偏差

四分位偏差では，中央値を基準としてデータの散らばりを考えました。次に，平均値を基準としたデータの散らばりの度合いを考えます。

変量 x の N 個の値を $x_1, x_2, x_3, \cdots, x_N$ とすると，平均値は $\bar{x}$ で表せました。

$$x_1 - \bar{x}, x_2 - \bar{x}, x_3 - \bar{x}, \cdots, x_N - \bar{x}$$

をそれぞれ $x_1, x_2, x_3, \cdots, x_N$ の **偏差**，または **平均からの偏差** といいます。

「労働時間」の5人分データ 185, 189, 207, 192, 209 の平均は 196.4 であるため,偏差は,$-11.4(185-196.4=x_1-\bar{x})$, $-7.4(189-196.4=x_2-\bar{x})$, $10.6(207-196.4=x_3-\bar{x})$, $-4.4(192-196.4=x_4-\bar{x})$, $12.6(209-196.4=x_5-\bar{x})$ となります。ここで,偏差の平均をとれば,平均から平均的にどの程度離れているのか,つまり散らばりを表現できそうです。しかし,上の例で見てみると,偏差の合計は0になり,平均も0となってしまいます。一般化しても,偏差の平均は

$$\frac{1}{N}\{(x_1-\bar{x})+(x_2-\bar{x})+(x_3-\bar{x})+\cdots+(x_N-\bar{x})\}$$
$$=\frac{1}{N}(x_1+x_2+x_3+\cdots+x_N)-\bar{x}=\frac{1}{N}N\bar{x}-\bar{x}=0 \quad (5.1)$$

となるため,偏差の平均を用いて,散らばりの度合いを表すことはできません。偏差の平均が0になってしまうのは,偏差が正になるデータと負になるデータが打ち消しあってしまうためです。そこで,偏差の2乗の値の平均をとり,その値を散らばりの度合いを表す指標とします。この値を (**標本**) **分散** をいい,s^2 で表します。

$$s^2=\frac{1}{N}\left\{(x_1-\bar{x})^2+(x_2-\bar{x})^2+\cdots+(x_N-\bar{x})^2\right\} \quad (5.2)$$

一般的に,分散の値が小さいほど,平均値の近くにデータが集まっていると言えます。

分散は,この本において独自に作成した関数 `nvar()`

```
nvar(変量)
```

を使用します。

```
>nvar(labor_data$労働時間)
[1] 97.8784
```

労働時間の分散は 97.8784 と求まりました。しかし,分散は元データの2乗をとるため,単位も2乗されてしまいます。したがって,労働時間の分散の単位は時間の2乗となり,解釈できません。そこで,平方根をとり変量 x と同じ単位を持つ散らばりを表す指標を考えます。これを **標準偏差**(SD) といいます。標準偏差も分散と同様に,値が大きいとデータが散らばっており,小さければ平均値の周りに値が集中していると言えます。

標準偏差は，(5.2) 式の平方根をとり，

$$s = \sqrt{\frac{1}{N}\{(x_1-\bar{x})^2+(x_2-\bar{x})^2+\cdots+(x_N-\bar{x})^2\}} \qquad (5.3)$$

となります．標準偏差に関しても，独自の関数 `nsd()`

```
nsd(変量)
```

を使用して求めます．

```
nsd(labor_data$労働時間)
[1] 9.893351
```

労働時間の平均は 200.04 時間，標準偏差は約 9.89 時間と求まりました．

Chapter.6 項目間の関連を分析しよう
―相関分析・クロス表の分析―

　第 5 章では，平均値や分散等を用いて，一つひとつの項目について分析する方法を学びました。アンケートの中には，複数の項目があり，これらを一つひとつ分析することはとても意味のあることです。しかし，それだけでは見えてこないのが項目間の関連です。項目間の関連を調べることによって，一見何の関係もなさそうな項目間に思いもよらない傾向を発見することができます。分析方法は，2 つの項目が量的変量である場合には相関分析が用いられ，質的変量である場合にはクロス表の分析が用いられます。この章ではこれらの分析方法について，数学的基礎をふまえながら解説していきます。

§6.1　●相関関係

　ここでは，第 5 章に引き続き，図 5.21 のフォームと「労働データ」を用いて，分析を行います。次は，本節で使用する R のスクリプトです。

第 6 章　項目間の関連を分析しよう―相関分析・クロス表の分析―

表 6.1　6 章で使用するコード

```
source("myfunc/myfunc.R")
labor_data0<- read.csv(file="data/labor_data.csv")
labor_data1<-labor_data0[,-c(1,8)]
plot(labor_data1$年齢, labor_data1$給与, xlab="年齢",ylab="給与")
plot(labor_data1$労働時間, labor_data1$給与, xlab="労働時間",ylab="給与")
plot(labor_data1$年齢, labor_data1$労働時間, xlab="年齢",ylab="労働時間")
mean(labor_data1$年齢)
mean(labor_data1$給与)
ncov(labor_data1$年齢, labor_data1$給与)
ncov(labor_data1$労働時間, labor_data1$給与)
ncov(labor_data1$労働時間*60, labor_data1$給与)
round(nscale(labor_data1$血圧)[1], 1)
round(nscale(labor_data1$血圧)[1], 2)
round(nscale(labor_data1$血圧)[1], 3)
round(cor(labor_data1$労働時間,labor_data1$給与), 3)
round(cor(labor_data1), 3)
pairs(labor_data1)
round(cor(labor_data1$社員数, labor_data1$給与), 3)
labor_data2 <- labor_data1[-2,]
round(cor(labor_data2$社員数,labor_data2$給与), 3)
labor_data_m<-subset(labor_data0, 性別=="男性")
round(cor(labor_data_m$年齢,labor_data_m$血圧), 3)
labor_data_f<-subset(labor_data0, 性別=="女性")
round(cor(labor_data_f$年齢,labor_data_f$血圧), 3)
```

◎　6.1.1　散布図

　量的変量間の関係を知るために，まずは 2 つの変量がどのような分布をしているのか，データの概要を視覚的にとらえられたら便利です。図 6.1 は横軸に「年齢」，縦軸に「給与」をとり，それぞれの回答者のデータを平面上に打点したものです。このように，2 つの量的変量の関係を座標平面上の点で表したものを**散布図**といいます。

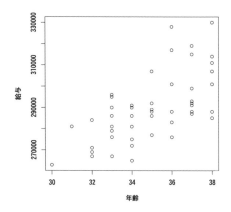

図 **6.1** 「年齢」と「給与」の散布図

Rでこの図を描いてみましょう．まず，以下でデータを読み込みます．

```
labor_data0<- read.csv(file="data/labor_data.csv")
```

また，以下で「性別」と「居住地域」を除外した量的変数のみのデータフレームを用意します．

```
labor_data1<-labor_data0[,-c(1,8)]
```

散布図は関数 `plot()` で描きます．

```
plot(変量 x, 変量 y, xlab, ylab)
```

引数には関係を知りたい2つの変量を指定し，`xlab`と`ylab`でx軸とy軸のラベル名を指定します．したがって，図6.1については，以下のように指定します．

```
plot(labor_data1$年齢, labor_data1$給与, xlab="年齢",ylab="給与")
```

図6.1から，「年齢」が高い人は，「給与」も高いという関係が見てとれます．一般に，2つの量的変量x, yがあり，一方の変量の値が増加すると，他方の変量の値も増加する傾向にあるとき，2つの変量間には**正の相関**があるといいます．

図6.2は「労働時間」と「給与」，図6.3は「年齢」と「労働時間」の散布図です．

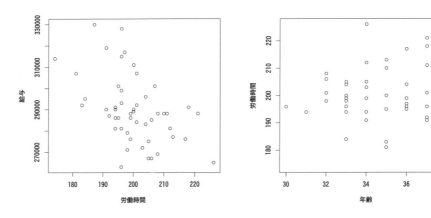

図 6.2 「労働時間」と「給与」の散布図　　図 6.3 「年齢」と「労働時間」の散布図

これらを描くには以下のスクリプトを実行します。

```
plot(labor_data1$労働時間, labor_data1$給与, xlab="労働時間",ylab="給与")
plot(labor_data1$年齢, labor_data1$労働時間, xlab="年齢",ylab="労働時間")
```

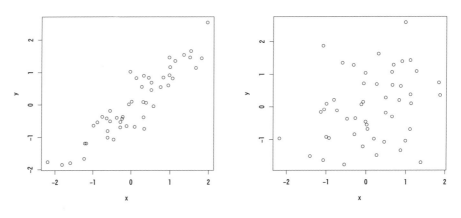

図 6.4　相関関係が強い散布図　　　　　図 6.5　相関関係が弱い散布図

　図 6.2 のように一方の変量が増加すると，他方の変量が減少する傾向にあるとき，2 つの変量間には**負の相関**があるといいます。そして，図 6.3 のように正・負いずれの相関関係も見てとれないとき，**相関がない**といいます。

相関関係がある2つの変量間において，図6.4のように散布図の直線的傾向が強いとき，**相関関係が強い**といい，図6.5のように直線的傾向が弱く，データが散らばっているとき，**相関関係が弱い**といいます．

◎ 6.1.2 共分散

ここからは，2つの変量 x, y の相関関係の度合いを数値で表すことを考えます．対応する2つの変量 x, y の値の N 個の組を

$$(x_1, y_1), (x_2, y_2), \cdots, (x_N, y_N)$$

とし，x, y のデータの平均値をそれぞれ $\bar{x}$, $\bar{y}$ とします．実際に，データから「年齢」と「給与」の平均値を計算すると

```
> mean(labor_data1$年齢)
[1] 34.98
> mean(labor_data1$給与)
[1] 289900
```

となり，$\bar{x} = 34.98$, $\bar{y} = 289900$ です．図6.1に記入された点はこれらの平均値を座標とする点 $(\bar{x}, \bar{y})$ のまわりに集まっています．

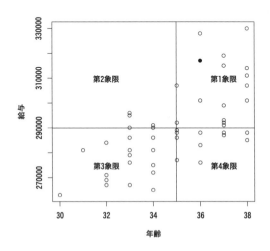

図 6.6 4つの領域に分けた「年齢」と「給与」の散布図

そこで，図 6.6 のように点 (34.98, 289900) を通り座標軸に平行な $x = 34.98$ と $y = 289900$ という 2 本の直線で平面を 4 つの象限に分け，右上から反時計回りに第 1 象限，第 2 象限，第 3 象限，第 4 象限とします。このとき，x と y に正の相関があれば散布図の点は第 1 象限と第 3 象限に多く集まり，負の相関があれば第 2 象限と第 4 象限に多く集まる傾向があります。

ここで，データの 1 人目の回答者の「年齢」と「給与」に対応する点に注目して，平均からの偏差の積を求めてみます。この回答者は第 1 象限 (36, 317000) に黒く打点されており，

「年齢」の平均からの偏差は　$36 - 34.98 = 1.02$

「給与」の平均からの偏差は　$317000 - 289900 = 27100$

2 つの偏差の積は　$1.02 \times 27100 = 27642$

です。したがって，平均からの偏差の積の符号は正です。すべての象限についてまとめると，平均からの偏差の積と符号の関係は，点 (x_i, y_i) が

第 1 象限または第 3 象限に属するとき　$(x_i - \bar{x})(y_i - \bar{y}) > 0$

第 2 象限または第 4 象限に属するとき　$(x_i - \bar{x})(y_i - \bar{y}) < 0$

となります。

ここで，$(x_i - \bar{x})(y_i - \bar{y})$ の平均値

$$s_{xy} = \frac{1}{N}\{(x_1 - \bar{x})(y_1 - \bar{y}) + (x_2 - \bar{x})(y_2 - \bar{y}) + \cdots + (x_N - \bar{x})(y_N - \bar{y})\} \quad (6.1)$$

を考えます。s_{xy} を x と y の**共分散**といいます。

正の相関関係があれば，データは第 1 象限と第 3 象限に多くの点が集まる傾向があるので，共分散は正の値となり，負の相関関係があればデータは第 2 象限と第 4 象限に多くの点が集まる傾向があるので，共分散は負の値となります。また，相関関係がないときは，共分散は 0 に近い値となります。

共分散を求めるには，自作関数 ncov() を利用します。

---

ncov(変量 x, 変量 y)　もしくは　ncov(データフレーム)

ここで，引数には2つの量的変数か，もしくは量的変数のみのデータフレームを指定します。データフレームを指定した場合は2つの変数すべての組み合わせにおける共分散が一度に出力されます。実際に，データから「年齢」と「給与」の共分散を求めてみます。

```
> ncov(labor_data1$年齢,labor_data1$給与)
[1] 20858
```

「年齢」と「給与」の正の相関関係から，共分散が正の値であることが確認できます。

◎ 6.1.3 共分散の限界

共分散は相関関係を数値的に表すための指標ですが，変数の単位の取り方によって，値が変化してしまうという欠点があります。たとえば，「労働時間」と「給与」の共分散は労働時間の単位を時間とすると

```
> ncov(labor_data1$労働時間,labor_data1$給与)
[1] -73576
```

ですが，「労働時間」の単位を分にすると，

```
> ncov(labor_data1$労働時間*60,labor_data1$給与)
[1] -4414560
```

となり，同じ変数を扱っているにもかかわらず，相関関係を表す値が1つに定まりません。このような差が生じたのは，労働時間*60 によって時間という単位から分という単位に変換したことで，変数の散らばりの程度が変化したからです。そこで，単位によらず評価できる指標を考えます。それには準備として**標準化**という考え方が必要になります。

◎ 6.1.4 標準化

1学期と2学期に受けた英語のテストの成績はいずれも80点でした。しかし，この80点という点数だけからは，同じ成績であったかの判断はできません。1つの理由は，それぞれのテストの難しさが違う可能性があるからです。もし，1学期のテストの平均点が90点，2学期のテストの平均点が70点であれば，2学期のテスト

のほうが難しいため，2学期にとった80点のほうが良い成績であると考えることができます。すなわち，テスト得点から平均点を引いた値が高いほうが良い成績であるということです。

このように2つのテスト得点を比較する場合には，テスト得点の平均からの偏差で比較する必要があります。これはまた，2つのテストの平均点をそろえることを意味します。しかし，実はこれだけでは2つのテスト得点のどちらが良い成績であるか結論付けるのには不十分です。

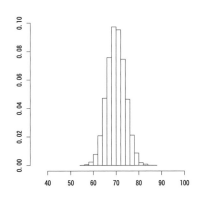 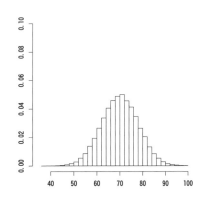

図 6.7　平均 70，標準偏差 4 のテスト得点のヒストグラム　　図 6.8　平均 70，標準偏差 8 のテスト得点のヒストグラム

図 6.7 は平均 70，標準偏差 4 のテスト得点のヒストグラムであり，図 6.8 は平均 70，標準偏差 8 のテスト得点のヒストグラムです[*1]。2 つのテスト得点の平均はそろった状態ですが，同じ 80 点というテスト得点で比較すると，生徒全体の中では，散らばりの小さい図 6.7 における 80 点のほうが良い成績であることがわかります。この場合，2 つのテスト得点それぞれについて散らばりの指標である標準偏差で割って，2 つの得点間で散らばりの程度をそろえます。そうすることで，2 つのテスト得点のどちらが良い成績であったか評価できます。2 つのテスト得点の成績を比較するには，上記 2 つの操作の両方を行うことが必要となります。

変量 x において平均からの偏差を求め，さらに標準偏差で割ることによって散らばりの程度をそろえる変換を**標準化**といい，標準化された値を記号 z で表します。

[*1] 厳密には，ここで用いた図は全体の度数に対するそれぞれの階級の度数の割合を示すものであり，このような図を相対度数分布といいます。

たとえば、i 番目の回答者の変量 x の標準化された値は以下のように表されます。

$$z_{x_i} = \frac{x_i - \bar{x}}{s_x} \tag{6.2}$$

標準化された値の平均と分散はどうなるでしょうか。5.6.3 項の (5.1) 式で平均からの偏差の平均値が 0 であることがわかりました。標準化された値の平均値 $\bar{z}_x$ は，(6.2) 式の分子である平均からの偏差の平均値が 0 であることから 0 です。標準化された値の分散 $s_{z_x}^2$ は以下のように 1 となります。

$$s_{z_x}^2 = \frac{1}{N}\left\{(z_{x_1} - \bar{z}_x)^2 + (z_{x_2} - \bar{z}_x)^2 + \cdots + (z_{x_N} - \bar{z}_x)^2\right\}$$

[(6.2) 式と標準化した変量の平均値が 0 であることを利用して]

$$= \frac{1}{N}\left\{\left(\frac{x_1 - \bar{x}}{s_x} - 0\right)^2 + \left(\frac{x_2 - \bar{x}}{s_x} - 0\right)^2 + \cdots + \left(\frac{x_N - \bar{x}}{s_x} - 0\right)^2\right\}$$

$$= \frac{1}{N}\left\{\left(\frac{x_1 - \bar{x}}{s_x}\right)^2 + \left(\frac{x_2 - \bar{x}}{s_x}\right)^2 + \cdots + \left(\frac{x_N - \bar{x}}{s_x}\right)^2\right\}$$

$$= \frac{1}{s_x^2} \times \frac{1}{N}\left\{(x_1 - \bar{x})^2 + (x_2 - \bar{x})^2 + \cdots + (x_N - \bar{x})^2\right\}$$

$$= \frac{s_x^2}{s_x^2} = 1 \tag{6.3}$$

標準化された 2 つの変量の値は，散らばりの程度と平均値が同じとなることから，その大きさを相対的に比較することができます。

実際に，1 人目の回答者の「血圧」の標準化された値を求めます。1 人目の回答者の「血圧」の値は 156 です。「血圧」の平均値は 125.02 であり，標準偏差は 14.84 であることから，(6.2) 式を利用して

$$z_{x_1} = \frac{156 - 125.02}{14.84} = 2.088\cdots$$

と求まります。R では，標準化された値は自作関数を用いて求めます。

```
nscale(変量)　もしくは　nscale.big(データフレーム)
```

1 つの量的変数についてのみ標準化された値を算出したい場合は関数 `nscale()` を用い，データフレームのすべての量的変数を標準化したい場合は関数 `nscale.big()` を利用します。ここでは，以下の丸め関数を用いて，小数点以下の任意の桁数で四捨五入した値を出力します。

```
round(数値，表示したい小数点以下の桁数)
```

1人目の回答者の「血圧」の標準化された値は小数点以下第1位，第2位，第3位で四捨五入するとそれぞれ以下のようになります．

```
> round(nscale(labor_data1$血圧)[1], 1)
[1] 2.1
> round(nscale(labor_data1$血圧)[1], 2)
[1] 2.09
> round(nscale(labor_data1$血圧)[1], 3)
[1] 2.088
```

関数 `nscale()` は回答者全員の標準化した値を出力してくれます．ここで，`[1]` は出力の1番目の要素，すなわち1人目の回答者の標準化された値を取り出すための命令です．

◎ 6.1.5 相関係数

共分散の値が単位の取り方によって変化するのは，単位を変化させることで変量の散らばりの程度が変化することが原因でした．この問題はあらかじめ変量の単位をそろえておくことで回避できます．すなわち，2つの変量 x, y について，標準化した値の共分散を求めることで変量間の相関関係を定量的に評価することができます．

平均値が0，標準偏差が1である標準化した x と y の値をそれぞれ z_x, z_y とします．これらの共分散を r で表し，これを x と y の**相関係数**といいます．相関係数 r は (6.1) 式に当てはめて，以下のように変形できます．

$$r = \frac{1}{N}\{(z_{x_1} - \bar{z}_x)(z_{y_1} - \bar{z}_y) + (z_{x_2} - \bar{z}_x)(z_{y_2} - \bar{z}_y) + \cdots + (z_{x_N} - \bar{z}_x)(z_{y_N} - \bar{z}_y)\}$$

[(6.2) 式と標準化した変量の平均値が0であることを利用して]

$$
\begin{aligned}
&= \frac{1}{N}\left\{\left(\frac{x_1-\bar{x}}{s_x}-0\right)\left(\frac{y_1-\bar{y}}{s_y}-0\right)+\left(\frac{x_2-\bar{x}}{s_x}-0\right)\left(\frac{y_2-\bar{y}}{s_y}-0\right)\right.\\
&\quad\left.+\cdots+\left(\frac{x_N-\bar{x}}{s_x}-0\right)\left(\frac{y_N-\bar{y}}{s_y}-0\right)\right\}\\
&= \frac{1}{N}\left\{\left(\frac{x_1-\bar{x}}{s_x}\right)\left(\frac{y_1-\bar{y}}{s_y}\right)+\left(\frac{x_2-\bar{x}}{s_x}\right)\left(\frac{y_2-\bar{y}}{s_y}\right)+\cdots+\left(\frac{x_N-\bar{x}}{s_x}\right)\left(\frac{y_N-\bar{y}}{s_y}\right)\right\}\\
&= \frac{1}{s_x s_y}\times\frac{1}{N}\{(x_1-\bar{x})(y_1-\bar{y})+(x_2-\bar{x})(y_2-\bar{y})+\cdots+(x_N-\bar{x})(y_N-\bar{y})\}\\
&= \frac{s_{xy}}{s_x s_y} \tag{6.4}
\end{aligned}
$$

このように,相関係数は x と y の共分散をそれぞれの標準偏差で割ったものであることがわかります。

相関係数 r が取り得る値の範囲は以下のようになります。

$$-1 \leq r \leq 1 \tag{6.5}$$

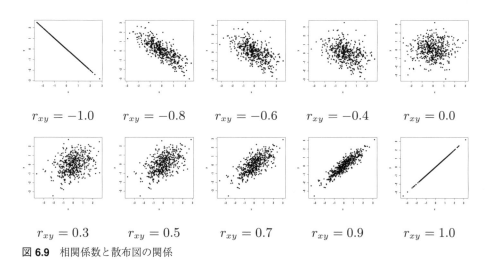

図 6.9 相関係数と散布図の関係

図 6.9 は相関係数の値を -1.0 から 1.0 まで,大きくしていったときの散布図の変化を示したものです。アンケート調査の場合には,一般的な大まかな目安として,相関係数の絶対値の大きさによって以下のような解釈がなされます。

1. 0.2 以下であればほとんど相関がない。

2. 0.2〜0.4 であれば弱い相関がある。
3. 0.4〜0.7 であれば中程度の相関がある。
4. 0.7 以上であれば強い相関がある。

相関係数を求めるには，関数 cor() を用います。

```
cor(変量 x, 変量 y)  もしくは  cor(データフレーム)
```

引数には2つの量的変量か，もしくは量的変量のみのデータフレームを指定します。データフレームを指定した場合は2つの変量すべての組み合わせにおける相関係数が一度に出力されます。実際に，以下で「労働時間」と「給与」の相関係数を求めます。

```
> round(cor(labor_data1$労働時間,labor_data1$給与),3)
[1] -0.478
```

ここから，「労働時間」と「給与」には中程度の負の相関があることがわかります。引数としてデータフレームを入れると，以下のような出力を得ます。

```
> round(cor(labor_data1),3)
             年齢  労働時間    給与     血圧  社員数  世帯年収
年齢        1.000    0.027   0.632   0.499  -0.007    0.466
労働時間    0.027    1.000  -0.478   0.304  -0.191   -0.441
給与        0.632   -0.478   1.000   0.604   0.415    0.836
血圧        0.499    0.304   0.604   1.000   0.068    0.525
社員数     -0.007   -0.191   0.415   0.068   1.000    0.356
世帯年収    0.466   -0.441   0.836   0.525   0.356    1.000
```

これは次の多変量散布図と同じ変量の配置関係にあり，i 行 j 列と j 行 i 列の値は同じです。出力から「年齢」と「社員数」の相関係数は -0.007 でほとんど相関がないことや「給与」と「社員数」の相関係数は 0.415 で中程度の正の相関があることが読み取れます。

◎ 6.1.6　多変量散布図

データに多数の量的変数がある場合，2つの変量の組み合わせについて，何度も散布図を描くのは効率的ではありません。**多変量散布図**はすべての組み合わせについて一度に散布図を示し，変量間の相関関係を全体的に把握するのに効果的です。多

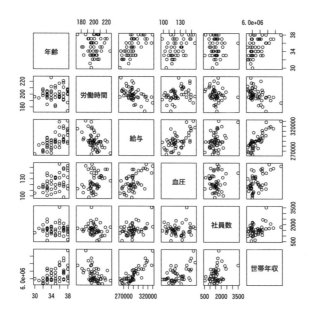

図 6.10 多変量散布図

変量散布図は関数 pairs() を用いて描くことができます。

```
pairs(データフレーム)
```

ここで，引数には量的変数のみのデータフレームを指定します。以下のスクリプトを用いて，「労働データ」の「性別」と「居住地域」以外のすべての変量について，2つずつの変量を組にして一度に散布図を描いた多変量散布図が図 6.10 です。

```
pairs(labor_data1)
```

◎ 6.1.7 相関係数の限界

共分散の欠点を克服した相関係数は，2つの量的変量の関連を評価する上でとても有用な指標ですが，それでもなお，以下に挙げるようないくつかの注意点があります。

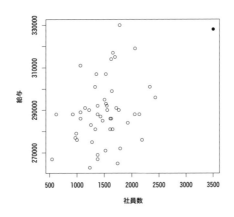

図 **6.11**　「社員数」と「給与」の散布図

外れ値の影響

　図 6.11 は「社員数」と「給与」の散布図です。座標 (3500, 328000) に黒く打点された回答者は「社員数」が 3500 と他のデータの値に比べて極端に大きい外れ値であることがわかります。外れ値を含んだデータで求めた相関係数は

```
> round(cor(labor_data1$社員数, labor_data1$給与),3)
[1] 0.415
```

です。これに対し「社員数」が 3500 であるデータを除外して求めた相関係数を求めます。図 5.22 に示した「労働データ」を振り返ると，この回答者はデータの 2 行目に位置していますので以下のスクリプトによって除外することができます。

```
labor_data2 <- labor_data1[-2,]
```

外れ値が除外されたデータの相関係数は

```
> round(cor(labor_data2$社員数,labor_data2$給与),3)
[1] 0.278
```

となり，1 つのデータを除外しただけで約 0.14 の差が出てしまいます。このように，外れ値は相関係数に強く影響する可能性があるので，まずはデータに外れ値があるかどうかを散布図で確認することが重要です。外れ値が観察されたときは，ある場

合と除外した場合とで相関係数の大きさを比較します。そして、外れ値がデータの転記ミスや回答者の申告ミスのためであるのか等、理由を慎重に吟味した上で除外するかどうか判断します。

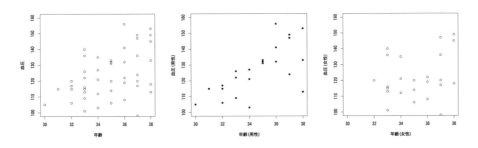

図 6.12　「年齢」と「血圧」の散布図（全体）　　図 6.13　「年齢」と「血圧」の散布図（男性）　　図 6.14　「年齢」と「血圧」の散布図（女性）

データの層別化

図 6.12 は「年齢」と「血圧」の散布図であり、相関係数は 0.499 でした。この散布図を男性だけのデータと女性だけのデータに分けて描いたものが図 6.13 と図 6.14 です。関数 subset() を用いて、男性だけのデータを取り出し、相関係数を求めると

```
> labor_data_m<-subset(labor_data0,性別=="男性")
> round(cor(labor_data_m$年齢,labor_data_m$血圧),3)
[1] 0.698
```

と中程度の相関であるのに対し、同様にして女性では

```
> labor_data_f<-subset(labor_data0,性別=="女性")
> round(cor(labor_data_f$年齢,labor_data_f$血圧),3)
[1] 0.326
```

と弱い相関であることがわかります。このように相関係数の値はとられた集団の性質によって変化します。相関係数を解釈する場合には、どのような集団について計算されたものであるか、あるいはどのように分けられる集団について計算されたものであるかを考慮する必要があります。

第3の変数の存在

「給与」と「血圧」の相関係数を算出すると 0.604 と中程度の正の相関が得られました。ここから，「血圧」が高い人ほど「給与」が高い傾向にある，あるいは「給与」が高い人ほど「血圧」が高い傾向があると解釈するのは正しいのでしょうか。「年齢」と「給与」には正の相関がありました。また，「年齢」と「血圧」にも正の相関があったことを思い出してください。「血圧」と「給与」の相関が高まったのは，2つの変数がともに「年齢」という変数を反映していることによるものです。このように，注目している2つの変数の双方と相関関係がある変数を**第3の変数**といい，「血圧」と「給与」にみられる見かけ上の相関を**擬似相関**といいます。ある変数間に相関関係が見出されても，それが第3の変数を反映していることによるものであるか注意してください。

因果関係

「労働時間」と「血圧」の相関係数が 0.304 と弱い正の相関があることから，「労働時間」が「血圧」を増加させる原因であると考える人がしばしばいます。一般に，因果関係は相関関係だけから明らかにすることはできません。私たちが相関関係から引き出せるのはあくまで仮説までです。因果関係を特定するには，慎重な実験研究を行う必要があるということに注意しましょう。

§6.2　属性ごとの集計とクロス表の分析

前節で扱った相関分析は2つの項目が量的変数である場合に用いられる関連を調べるための方法でした。この節では，2つの項目が質的変数である場合に用いられるクロス表の分析について詳しくみていきます。

図 6.15 は大学生の友人関係に関するフォームを用いた調査票であり，図 6.16 はこのフォームから得られたスプレッドシートデータを R 分析用に成型した CSV ファイルです。本節では，これらを用いてクロス表の分析を行います。次は本節で使用される R のスクリプトです。

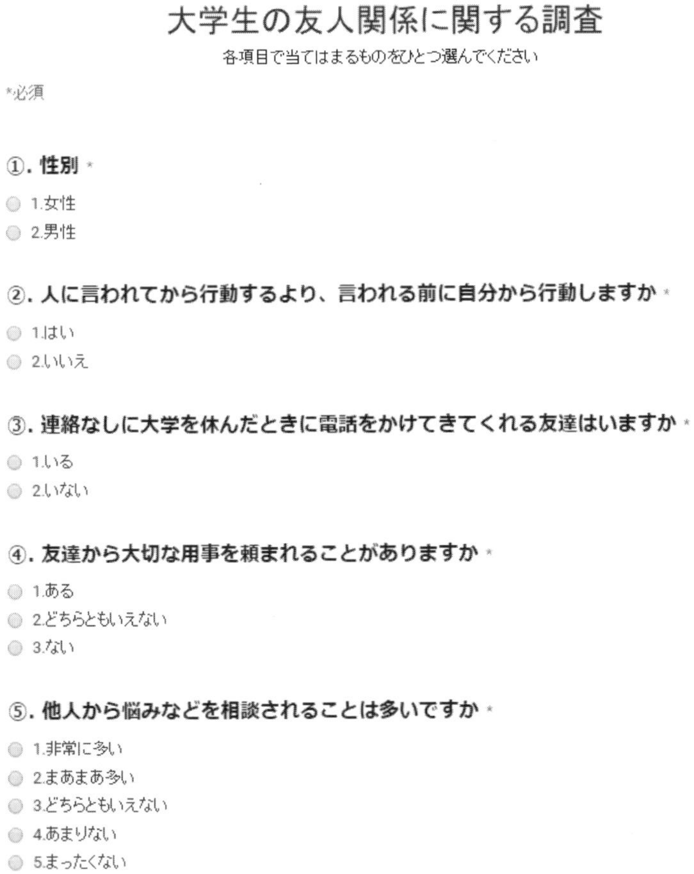

大学生の友人関係に関する調査

各項目で当てはまるものをひとつ選んでください

*必須

①. 性別 *
- 1.女性
- 2.男性

②. 人に言われてから行動するより、言われる前に自分から行動しますか *
- 1.はい
- 2.いいえ

③. 連絡なしに大学を休んだときに電話をかけてきてくれる友達はいますか *
- 1.いる
- 2.いない

④. 友達から大切な用事を頼まれることがありますか *
- 1.ある
- 2.どちらともいえない
- 3.ない

⑤. 他人から悩みなどを相談されることは多いですか *
- 1.非常に多い
- 2.まあまあ多い
- 3.どちらともいえない
- 4.あまりない
- 5.まったくない

図 **6.15** 大学生の友人関係に関する調査票

```
source("myfunc/myfunc.R")
college_data <- read.csv(file="data/college.csv")
library(vcd)
xtabs(~V1+V4, data=college_data)
cramer.big(college_data)
round(adres(~V4+V5, college_data), 3)
round(adres(~V2+V4, college_data), 3)
```

V1	V2	V3	V4	V5
1.女性	1.はい	1.いる	1.ある	1.非常に多い
1.女性	1.はい	2.いない	1.ある	1.非常に多い
1.女性	1.はい	1.いる	2.どちらともいえない	3.どちらともいえない
2.男性	1.はい	2.いない	2.どちらともいえない	3.どちらともいえない
1.女性	1.はい	1.いる	2.どちらともいえない	3.どちらともいえない
1.女性	1.はい	2.いない	2.どちらともいえない	4.あまりない
1.女性	1.はい	1.いる	1.ある	3.どちらともいえない
2.男性	2.いいえ	1.いる	2.どちらともいえない	2.まあまあ多い
1.女性	1.はい	1.いる	1.ある	1.非常に多い
2.男性	1.はい	1.いる	1.ある	2.まあまあ多い
1.女性	2.いいえ	1.いる	2.どちらともいえない	2.まあまあ多い
2.男性	1.はい	2.いない	1.ある	2.まあまあ多い
2.男性	1.はい	1.いる	2.どちらともいえない	2.まあまあ多い
1.女性	2.いいえ	1.いる	1.ある	1.非常に多い
2.男性	2.いいえ	1.いる	1.ある	3.どちらともいえない
1.女性	1.はい	2.いない	1.ある	2.まあまあ多い
1.女性	2.いいえ	2.いない	2.どちらともいえない	3.どちらともいえない
2.男性	2.いいえ	1.いる	2.どちらともいえない	2.まあまあ多い

図 **6.16** スプレッドシートデータを R 分析用に成型した CSV ファイル（一部）

◎ 6.2.1 クロス表

　質的変量間の関係を知るために，2 つの変量がどのように分布しているのか，まずはデータの概要を把握することを考えます．表 6.2 は項目 1「性別」の回答結果である「女性」，「男性」を縦に，項目 4「友達から大切な用事を頼まれることがありますか」の回答結果である「ある」，「どちらともいえない」，「ない」を横に並べ，回答結果の組み合わせについて，その度数を示したものです．このようにまとめられた表を**クロス表**といい，回答結果の組み合わせを**セル**といいます．クロス表は**クロス集計表**，あるいは**分割表**ともいいます．

表 **6.2** 項目 1 と項目 4 のクロス表

項目 1 \ 項目 4	ある	どちらともいえない	ない	合計
女性	8	10	2	20
男性	15	12	3	30
合計	23	22	5	50

　実際に，R でクロス表を作成してみましょう．まずは，以下で図 6.16 のデータを読み込みます．

```
college_data <- read.csv(file="data/college.csv")
```

クロス表の分析にはパッケージ vcd が必要です．以下でパッケージを読み込みます．

```
library(vcd)
```

クロス表を作成するには関数 `xtabs()` を利用します。

```
xtabs(~項目 A + 項目 B, データフレーム)
```

ここでは，1番目の引数として，~ のあとに興味の対象である2つの項目を + でつなぐ形で指定し，2番目の引数としてデータフレームを指定します。図 6.15 のアンケートにおいて，項目1と項目4のクロス表は以下のようになります。

```
> xtabs(~V1+V4, data=college_data)
       V4
V1      1. ある 2. どちらともいえない 3. ない
  1. 女性       8                   10        2
  2. 男性      15                   12        3
```

◎ 6.2.2　クロス表による分析の利点

クロス表を調べることによって，矛盾した回答の発見を行うことができます。たとえば「年齢区分」と「職業」でクロス集計した場合に，15歳以下ならば「生徒」，もしくは「児童」となるべきところに「タクシー運転手」がいたら，矛盾した回答をしていることになります。このような矛盾は1変量ごとに分析していたのでは見つけることはできません。

クロス表は無回答につながる要因を調べることにも有用です。クロス表における有効回答数は2つの項目の両方に回答した人数であるので，それぞれの項目の有効回答数とは必ずしも一致しません。また，異なる項目間の有効回答数も必ずしも一致しません。全体の有効回答数と比較して特に有効回答数の少ないクロス表には，無回答につながる要因が潜んでいるかもしれません。

◎ 6.2.3　独立と連関

表 6.3 は項目1「性別」と項目2「人に言われてから行動するより，言われる前に自分から行動しますか」に対する回答を集計したクロス表です。これを見ると「は

表 6.3 項目 1 と項目 2 のクロス表

項目1 \ 項目2	はい	いいえ	合計
女性	12	8	20
男性	18	12	30
合計	30	20	50

い」と答えた人数の比率は「女性」において 12/20 であり，「男性」において 18/30 であるので，共に 3/5 で等しいことがわかります。ここで，回答者 1 人を取り出して，項目 2 に対する回答が「はい」であったとしても，その情報はその回答者が「女性」であるか「男性」であるかの予測には役に立ちません。すなわち，一方の項目の回答結果が他方の項目の回答結果に全く影響しない状態です。このようなクロス表の 2 つの項目は**独立**であるといいます。

表 6.4 項目 1 と項目 3 のクロス表

項目1 \ 項目3	いる	いない	合計
女性	15	5	20
男性	12	18	30
合計	27	23	50

表 6.4 は項目 1「性別」と項目 3「連絡なしに大学を休んだときに電話をかけてくれる友達はいますか」に対する回答を集計したクロス表です。ここでは，「いる」と答えた人数の比率が「女性」と「男性」において違うことがわかります。「女性」に注目した場合の「いる」と答える比率は 15/20 であり，「男性」の場合は 12/30 です。ここで，回答者 1 人を取り出して，項目 3 に対する回答が「いる」であったとき，回答者は「女性」である可能性が高いと予測することができます。すなわち，一方の項目の回答結果が他方の項目の回答結果に影響した状態です。このようなクロス表の 2 つの項目は**連関がある**といいます。

◎ **6.2.4 クラメールの連関係数**

実際には，クロス表の 2 つの項目が完全に独立である状態はまれです。そこで，連関の程度を表す指標を用いて，2 つの項目がどれくらい連関があるのか評価します。これには**クラメールの連関係数**[*2] が用いられます。クラメールの連関係数は項目間の連関の程度を数値で表し，その値は 0 から 1 の間をとります。1 に近いほど項目間の連関は強く，0 に近いほど項目間の連関は弱いと解釈します。クラメール

[*2] クラメールの連関係数の定義はこの本の範囲を超えるので割愛します。

の連関係数は相関分析で用いられた相関係数に相当するものです。

図 6.15 のアンケートには 5 つの項目があり，項目の組み合わせ数は $_5C_2 = 10$ とそれほど多くありませんが，アンケートでは項目は 5 つよりもっと多い場合が一般的です。例として，項目数が 50 のアンケート調査では，項目の組み合わせ数は $_{50}C_2 = 1225$ にも及びます。このように，項目が増加するとともに組み合わせの数は膨大になるので，どの項目の組み合わせに強い連関がみられるのか，すべての組み合わせの中からあたりをつける必要があります。あたりをつけた上で次項の残差分析を行えば，さらに効率的に回答結果の組み合わせについて連関を調べることができます。

R でクラメールの連関係数を計算し，すべての組み合わせの中からあたりをつけるには自作関数 `cramer.big()` を用います。

```
cramer.big(データフレーム, to=5)
```

ここで，引数には質的変量のみのデータフレームと，大きい順にいくつの結果を返すのかを指定します。既定値では大きい順に 5 つの結果を返します。図 6.16 のデータを用い，5 位までの項目の組み合わせの出力を以下に示します。

```
> cramer.big(college_data)
  変量1 変量2 連関係数
1   V4    V5   0.585
2   V2    V4   0.448
3   V1    V3   0.344
4   V1    V5   0.279
5   V2    V5   0.243
```

ここでは，変量 1 と変量 2 に項目の組み合わせが示されています。出力より，項目 4 と項目 5 の連関が最も強く，その次に項目 2 と項目 4 の連関が強いことがわかります。

◎ 6.2.5 残差分析

クラメールの連関係数で連関の強い項目の組み合わせが明らかになったら，さらに回答結果の組み合わせについて連関があるか調べます。すなわち，一方の項目において「はい」と答えた回答者ほど，もう一方の項目において「はい」と答える傾向があるかどうかです。これには**残差分析**という方法が用いられます。

Rで残差分析を行うには，自作関数 adres() を用います．

```
adres(~項目 A+項目 B, データフレーム)
```

引数は関数 xtabs() と同じ形式で指定します．

ここでは，連関係数が 0.4 以上であった項目の組み合わせについて分析してみましょう．まず，連関係数が 0.585 と最も高かった項目 4 と項目 5 で残差分析を行います．小数点以下第 3 位で以下のような出力を得ます．

```
> round(adres(~V4+V5, college_data), 3)
                  V5
V4                 1.非常に多い 2.まあまあ多い 3.どちらともいえない 4.あまりない 5.まったくない
  1.ある                3.589         0.426              -1.796       -1.537        -1.332
  2.どちらともいえない  -2.937         0.047               2.114        1.192        -1.279
  3.ない               -1.104        -0.786              -0.514        0.58          4.330
```

各セルには**調整済み標準化残差**と呼ばれる指標が出力されます．この絶対値がおおよそ 2 以上であれば回答結果の組み合わせには連関があると解釈します．

残差分析は通常，調整済み標準化残差の絶対値が大きい順に解釈を行います．ここでは，正と負でそれぞれ最も絶対値が高い回答結果の組み合わせについて解釈します．出力から，3 行 5 列のセルの調整済み標準化残差は 4.330 であり，その絶対値は 2 以上です．ここから，「友達から大切な用事を頼まれることがありますか」という項目に「ない」と答える人は，「他人から悩みなどを相談されることは多いですか」という項目に「まったくない」と答える傾向があるといえます．また，2 行 1 列のセルの調整済み標準化残差は −2.937 です．この場合は「友達から大切な用事を頼まれることがありますか」という項目に「どちらともいえない」と答える人は「他人から悩みなどを相談されることは多いですか」という項目に「非常に多い」と答えない傾向があることが示唆されます．

次に，連関係数が 0.448 であった項目 2 と項目 4 についてみていきます．残差分析による出力は以下のようになります．

```
> round(adres(~V2+V4, college_data), 3)
           V4
V2          1.ある 2.どちらともいえない 3.ない
  1.はい     3.012              -3.024  0.000
  2.いいえ  -3.012               3.024  0.000
```

項目2の回答結果は2つであり，項目4の回答結果は3つです。しかし，項目4の回答結果「ない」に関する調整済み標準化残差が項目2の回答結果に関わらず0であることから，これは実質2×2のクロス表の残差分析とみなせます。2×2のクロス表の残差分析では，セルの列は互いに符号が逆なだけで同じ絶対値になります。

　出力から，2行2列のセルの調整済み標準化残差は3.024であることから，「人に言われてから行動するより，言われる前に自分から行動しますか」という項目に「いいえ」と答える人は，「友達から大切な用事を頼まれることがありますか」という項目に「どちらともいえない」と答える傾向があることが示唆されます。また，1行2列のセルの調整済み標準化残差は −3.024 です。この場合は「人に言われてから行動するより，言われる前に自分から行動しますか」という項目に「はい」と答える人は，「友達から大切な用事を頼まれることがありますか」という項目に「どちらともいえない」と答えない傾向があるといえます。

　項目の組み合わせの数が膨大となるアンケートでは，でたらめに組み合わせを選んで連関を調べていては時間がいくらあっても足りません。項目間の連関のみならず，回答結果の連関も調べる場合はなおさらです。自作関数 `cramer.big()` を用い，連関が強い項目の組み合わせをピックアップして残差分析を行なえば，少ない時間と労力で項目間の関連を分析することができます。

　5.2.1項で「量的とは」，「質的とは」についての説明がありました。本節で扱ったクロス表の分析は代表的な質的分析です。これに対し，前節の相関分析は量的分析にあたります。しかし，6.1.7項で行ったデータの層別化による相関分析のように「男性」と「女性」のような質的変量の下位集団ごとに行う分析もまた質的分析の1つといえるでしょう。

Chapter. 7 分析上級者への道

第5章，第6章で学習した集計法や分析法は一般的にどのようなアンケートに対しても用いられます。第7章からは，分析目的が明確な場合の個別の分析方法や質問方法を紹介します。

§7.1　回帰分析

第6章で扱った相関は，変量間の共変関係について分析するものでした。ここでは一方の変量で他方の変量を予測してみましょう。たとえば定期テストのための自習時間から，数学のテスト得点が予測できたら便利ですし，頑張る目標にもなります。未来を予測するのですから，予測に利用される変量（テスト得点）は予測する変量（自習時間）に対して，時間的に後で得られることが多いです[*1]。時間的に同時であるデータの間における共変関係とは，この点が違います。それでは，自習時間と数学のテスト得点の関係を調べるためにフォームを作成してみましょう。今回は説明のために他の項目についても質問しています。

◎　7.1.1　フォーム

図7.1はフォーム例です。テスト前一週間の合計自習時間，合計運動時間，数学のテスト得点，音楽のテスト得点について質問しています。このフォームを高校生228人に回答してもらったデータで分析を進めましょう。

[*1] 首回りと袖の長さからシャツサイズを測るときのように，時間的に同時に得られる変量を扱う場合もあります。回帰分析は，測りやすい変量から，測りにくく価値のある変量の予測にも役立ちます。

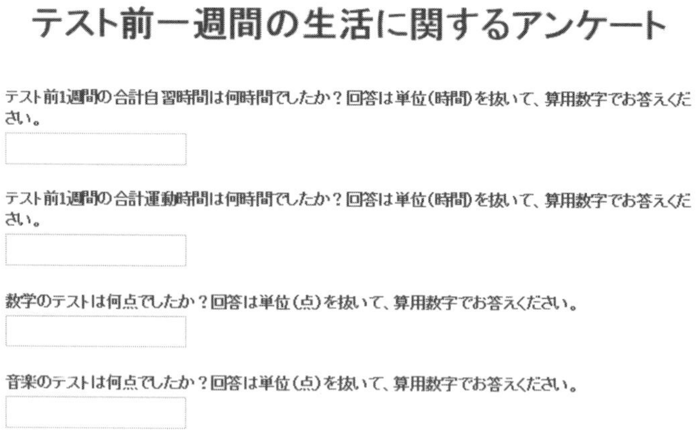

テスト前一週間の生活に関するアンケート

テスト前1週間の合計自習時間は何時間でしたか？回答は単位（時間）を抜いて、算用数字でお答えください。

テスト前1週間の合計運動時間は何時間でしたか？回答は単位（時間）を抜いて、算用数字でお答えください。

数学のテストは何点でしたか？回答は単位（点）を抜いて、算用数字でお答えください。

音楽のテストは何点でしたか？回答は単位（点）を抜いて、算用数字でお答えください。

図 7.1　自習時間データのフォーム

	A	B	C	D
1	自習時間	運動時間	数学の得点	音楽の得点
2	13	13	63	63
3	17	7	70	67
4	13	15	53	64
5	15	8	58	65
6	14	11	62	67
7	19	12	82	72
8	15	10	65	69
9	16	3	58	65
10	16	5	53	61

図 7.2　スプレッドシートデータを R 分析用に成形した CSV ファイル

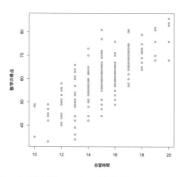

図 7.3　自習時間データの散布図

◎ 7.1.2　データ

図 7.2 は集計したデータの一部，図 7.3 は「自習時間」と「数学の得点」を散布図に表したものです。散布図よりデータが正の相関を示していることがわかります。この状態を正確に表現することはできませんが，傾向線を引き，近似することはできます。データの傾向を表す線は多くの種類がありますが，ここでは皆さんが中学校で学習した 1 次式を使いましょう。

図 7.4 左のようにデータの分布と直線が完全に一致すれば，データの傾向を正確に表現したと言えます。しかし，「数学の得点」には個人差や元々持っている数学能力なども影響を与えているため，「自習時間」だけで説明することはできません。図 7.4 右は図 7.3 に直線を 3 本引いたものです。実際にはこのようにデータが散らばっているところに，最も当てはまりのよい直線をひかなくてはなりません。図 7.4 右

の3本の直線のどちらも，一見当てはまりがよいように見えます。では，最も当てはまりのよい直線をどうやって決めればいいのでしょうか。

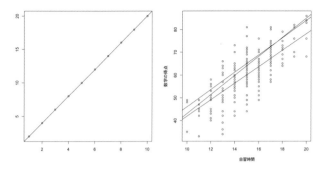

図 7.4 左：データの分布と直線が一致した場合，右：自習時間データの散布図に直線を引いた場合

わかりやすいようにデータ数の少ない例を使って，直線を決定する方法を説明します。図7.5左は5つのデータに対し直線を引き，直線とデータの差を表したものです。この差は誤差 e と言います。5つのデータの誤差の和が最小になるように直線を引けば，データの傾向を最も確実に表現できるでしょう。しかし，図7.5左からもわかるように，誤差 e は正負どちらの値もとります。そのため e の総和によって誤差の最小を考えることはできません。そこで e^2 を考えます。図7.5右のように，e^2 は一辺が e の正方形の面積と一致することがわかります。この面積の総和が最小になるように直線を引いたものを最も当てはまりのよい直線として利用します。以

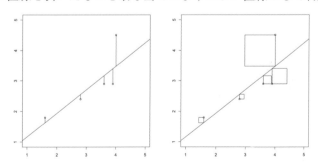

図 7.5 左：直線とデータの差を示した図，右：誤差 e を二乗した図

上のような直線の決め方を**最小二乗法**といいます。**回帰モデル**は「自習時間」を x，「数学の得点」を y とすると，以下のように表現できます。

$$y = ax + b + e \tag{7.1}$$

x は y の予測に利用される変量であり，**説明変数**と呼びます．一方，y は x によって予測される変量であり，**目的変数**と呼びます．そして a と b はそれぞれ**回帰係数**と**切片**と呼ばれる定数です．目的変数 y の真の値は，説明変数 x と二つの定数 a と b に加え，誤差 e によって正確に表すことができます．

回帰分析はデータの傾向を直線で近似し，目的変数の推測をする手法でした．そのため真の値と違い誤差 e を推定の際に含めません．

$$\hat{y} = ax + b \tag{7.2}$$

(7.2) 式で与えられる $\hat{y}$ を目的変数の**予測値**といいます．この決定された直線を**回帰直線**と呼び，この回帰直線を使い，データを推測することが**回帰分析**です．回帰分析で定数 a と b を推定し，式に当てはめることで予測値を得ます．

◎ 7.1.3 分析

実際に R で分析してみましょう．本節で使用する R スクリプトは以下の通りです．

表 7.1 7.1 節で使用するコード

```
source("myfunc/myfunc.R")
study_data<-read.csv(file="data/自習データ.csv")
model1<- lm( 数学の得点~ 自習時間,data=study_data)
summary(model1)
min(3.6219*study_data[,1]+5.695)
max(3.6219*study_data[,1]+5.695)
min(study_data[,3])
max(study_data[,3])
nvar(study_data[,3])
model2<- lm( 音楽の得点~ 自習時間,data=study_data)
summary(model2)
model3<- lm( 運動時間~ 自習時間,data=study_data)
summary(model3)
model4<- lm( 数学の得点~ 運動時間,data=study_data)
summary(model4)
```

```
model1<- lm( 目的変数~ 説明変数,data=データフレーム)
```

関数 lm() を使って回帰式を表現し，オブジェクト model1 に格納しています。~ は回帰式の = を表し，~ の左側には目的変数 y，右側には説明変数 x を入れます。今回は，「自習時間」で「数学の得点」を予測するため"数学の得点 ~ 自習時間"とします。関数 summary() に関数 lm() の分析結果を代入したオブジェクトを指定することで詳しい結果を出力します。

```
> model1<- lm( 数学の得点~ 自習時間,data=study_data)
> summary(model1)
Coefficients:
            Estimate Std. Error t value Pr(>|t|)
(Intercept)   5.6945     3.2962   1.728   0.0854 .
自習時間      3.6219     0.2179  16.625   <2e-16 ***
---
Signif. codes:
0 '***' 0.001 '**' 0.01 '*' 0.05 '.' 0.1 ' ' 1
Residual standard error: 6.722 on 226 degrees of freedom
Multiple R-squared:  0.5501,	Adjusted R-squared:  0.5482
F-statistic: 276.4 on 1 and 226 DF,  p-value: < 2.2e-16
```

まず (7.1) 式における，a と b の値を確認します。出力結果の Coefficients にある，切片 (Intercept) の推定値 (Estimate) の値を見てください。今回の推定結果を回帰式にあてはめると

$$\widehat{数学の得点} = 3.6219 \times 自習時間 + 5.6945 \tag{7.3}$$

となります。これで，「自習時間」から「数学の得点」が予測できるようになりました。たとえば，17時間勉強したら，$3.6219 \times 17 + 5.6945 = 67.26$ となり，68点を取ることが予測できます。

では，この予測はどのくらいの精度なのでしょうか。図7.6は「自習時間」と「数学の得点」の散布図に $x = 17$, $y = 68$ の直線を引いた場合を表しています。

```
> min(3.6219*study_data[,1]+5.695)
[1] 41.914
> max(3.6219*study_data[,1]+5.695)
[1] 78.133
> min(study_data[,3])
[1] 33
> max(study_data[,3])
[1] 86
> nvar(study_data[,3])
[1] 99.56133
```

17時間勉強した場合，実データにおける「数学の得点」はおよそ42〜79点の間で

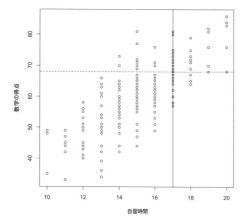

図 7.6 「自習時間」と「数学の得点」の散布図に $x=17$，$y=68$ の直線を引いた場合

変動することがわかります。一方でもし「自習時間」が与えられていなければ，「数学の得点」は 33〜86 点の間で変動します。つまり x の値（自習時間）がわかっているときのほうが y（数学の得点）の散らばりが小さくなるのです。x の値が未知のときの y の変動と，x の値が既知であるときの予測値の変動を比べることで，y がどの程度 x によって説明されているかがわかります。ここで，「数学の得点」の分散と推定値の分散を使い，全体の変動に対して推定値の変動がどのくらいの割合を占めているのか求めてみましょう。まず「数学の得点」の分散を求めます。推定値の分散は，「自習時間」が与えられたときの「数学の得点」の標準偏差が出力 `Residual standard error` の部分に出ているので，この値を二乗しましょう。

$$\frac{6.722^2}{99.12465} \approx 0.45 \tag{7.4}$$

この値は y「自習時間」では説明しきれない変動の全体に対する割合です。よって，全体から引くことでデータをどのくらい説明できているかがわかります。

$$R^2 = 1 - 0.45 = 0.55 \tag{7.5}$$

この値を **説明率（決定係数）** R^2 と呼び，回帰直線がデータにどの程度当てはまっているかの指標に用います [*2]。R の出力では `Multiple R-squared` という値です。説明率が 1 に近ければ近いほど当てはまりがよく，今回の分析では 0.5501 という値になりました。このような状態を予測変数が目的変数を約 55% 説明している，と言います。それでは次に，他の変量と組み合わせていろいろな回帰式を分析してみま

[*2] （通常は7.4）式に相当する式において分母に不偏分散という，異なった求め方で算出された散らばりを用いて決定係数を計算します。散らばりの求め方にはいくつか方法がありますが，ここでは高校の教科書に合わせ，第5章で学んだ分散で(7.4)式を算出しました。そのため有効数字を上げると出力と一致しない場合があります。

しょう．

```
model2<- lm( 音楽の得点~ 自習時間,data=study_data)
model3<- lm( 運動時間~ 自習時間,data=study_data)
model4<- lm( 数学の得点~ 運動時間,data=study_data)
```

表 7.2　回帰分析結果

	a	b	R^2
model1	3.622	5.695	0.550
model2	0.711	54.331	0.085
model3	-0.662	18.895	0.202
model4	-0.024	60.205	0.000

　この 3 つの回帰式と，先ほどの回帰式の分析結果を表 7.2 に示しました．まず，model2 の結果から，自習を 1 時間すると，「音楽の得点」がおよそ 1 点上がることがわかりました．ただ，説明率が 8% であるため，「音楽の得点」は，自習時間だけでは多くの部分が説明できていません．次に model3 の結果から，自習時間が 1 時間増えると，運動時間がおよそ 0.6 時間（36 分）減ることがわかりました．当然，一日の時間は決まっていますので，その時間を勉強に割けば運動する時間は減ってしまいます．この事実が結果に影響していると考えられます．最後に model4 の結果から，運動時間は数学の得点の予測には全く役に立たないことがわかります[*3]．

[*3] これは「運動時間」を与えても，「数学の得点」の分散が全く変わらないことを意味します．

◎ 7.1.4　レポートに書く際に注意すること

予測と因果関係の相違

　小学生に対し，「知っている漢字の数」と「足のサイズ」のデータを収集したところ，この 2 変量間には正の相関があり，「足のサイズ」で「知っている漢字の数」を説明する回帰分析をしてみると，説明率がとても高くなります．それでは，足のサイズが漢字の知識量の増加原因と言っていいのでしょうか．それは違います．実際には，第 3 の変量「年齢」が隠れていて，そのために見せかけの相関が高くなっているのです．この相関は 6.1.7 項でも扱っていた**擬似相関**です．小学生くらいの年代では，足のサイズの成長も著しく，年齢によって変わっていきます．漢字の知識量の増加の真の原因は年齢（発達）です．このように説明率が非常に高くても，直

接的な因果関係がない場合があるため過度な解釈には注意してください。

レポートでの文章例

レポートを書く際，必要内容のチェックリストとして利用してください*4。

> □ 被験者数　□ 目的変数の説明　□ 説明変数の説明　□ 傾き a と切片 b
> □ 説明率 R^2

*4 この本では検定の内容に関しては扱っていません。そのため，十分な内容のチェックリストではないことをご理解ください。統計の勉強を進め，分析の幅が広がることでこのチェックリストも増えるでしょう。また，分析目的によって，他にも報告したほうがよい内容は増える可能性があります。

最後に今回の分析の結果の一部から，記述例を紹介します。

> 　高校生のテスト前の時間の使い方とテスト得点のアンケートデータに関して，統計解析環境 R の関数 lm によって回帰分析を行なった。被験者数は 228 人である。目的変数を「数学の得点」，説明変数を「自習時間」とし回帰直線を求めた結果 回帰係数 = 3.622, 切片 = 5.695, $R^2 = 0.550$ であった。回帰係数と切片の値より，1 時間勉強すると，数学の得点がおよそ 4 点上がり，全く勉強しないと 6 点を取ってしまうことが予想された。また，「個人の要領の良し悪し」などもあり，100%「数学の得点」を説明することはできないが，R^2 から「自習時間」は「数学の得点」をおよそ 55%説明していることがわかった。

§7.2　リッカート・スケール

　前節で扱ったテスト得点のように目に見えるものではなく，実際に観測できない対象（「性格」「イメージ」「健康」）を測定したいときはどうすればよいのでしょうか。たとえば人の「優しさ」は目に見えません。ですが，私たちは「A さんは B さんより優しい人だ。」というように「優しさ」を比べることができます。私たちがどのようにして「優しさ」を評価しているのかというと"「優しさ」という実在しない概念が存在する"と仮定した上で，目に見える「優しさ」と関係のある行動から推測しているのです。このような目には見えないけれども，存在が仮定されている概念を**構成概念**と言います。この節では実際の例を用いて，構成概念を測定するための 1 つのアプローチである**リッカート・スケール**を説明します。

　ひな子さんのクラスでは，「仲良し母娘度」を測ろうと考えました。「母親と仲の良い人はどんな行動や思考をするだろうか」とクラスで話し合い，挙がった行動を項目にしました。このように構成概念と関係がある，観察可能なものを集めることで，構成概念を測定することができます。本例のように測定尺度を一から作ることもできますが，世の中には沢山の尺度があるので自分の研究目的に合わせ，それら

を利用することもできます。

　作成した項目の回答は，数値であるほうが分析の際に便利です。そのため項目に対して回答者が自分に当てはまるかを数値で評定してもらう必要があります。リッカート・スケールは提示された質問文に対して，回答者の行動や考えがどの程度当てはまるのか，最もふさわしいものを1〜5など複数の選択肢の中から選択させる方法です。リッカート・スケールを使用する際にはいくつか注意点があります。

(1) 評定段階　3段階から9段階が一般的ですが，段階が少なすぎると大まかな回答しか得られず，反対に多すぎると回答者の負担が大きくなり，評定の精度が落ちてしまうことに注意して下さい。

(2) 中間選択肢 [*5]　3段階や5段階など奇数段階の場合，中間に「どちらともいえない」といった中間選択肢を入れることができます。中間選択肢のメリットは，質問に対しての意見がなかったり，考えた結果どちらにも当てはまらないような回答者の微妙な反応を反映することができる点です。一方，2段階や4段階など偶数段階の場合，中間選択肢を入れることができないため，回答者に明確な判断を求めることができます。中間選択肢を採用する際，日本人は中間選択肢に回答しやすい傾向が強いということを考慮に入れるとよいでしょう。

[*5] 中間回答バイアスにふれた4.1.4項も参照してください。

◎　7.2.1　フォーム・データ

　図7.7はフォーム例です。「仲良し母娘度」について，5件法で10項目を質問しています。このフォームを女子高校生127人に回答してもらったデータの一部が図7.8です。このデータ使用して分析を進めましょう。

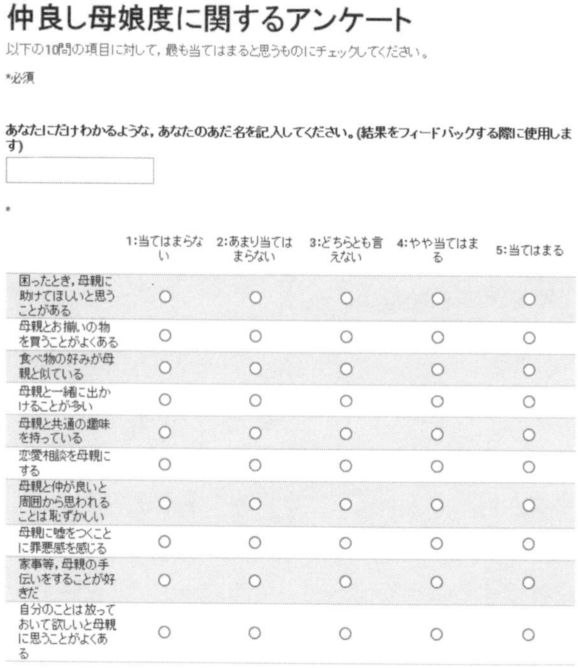

図 **7.7**　仲良し母娘度のフォーム

	A	B	C	D	E	F	G	H	I	J	K
1	名前	項目1	項目2	項目3	項目4	項目5	項目6	項目7	項目8	項目9	項目10
2	蕎切	1	1	4	1	3	1	3	1	2	5
3	鵜	3	4	4	2	3	4	2	4	4	1
4	雲雀	2	2	4	4	2	4	1	5	4	1
5	燕	5	3	4	2	5	4	1	5	4	1
6	鴛鴦	4	2	3	1	1	2	4	2	2	1
7	黄鶺	1	3	3	1	3	3	4	2	2	1
8	牡丹	2	2	3	3	3	3	2	4	3	1
9	伽藍鳥	2	1	4	3	1	2	2	3	4	1
10	家鴨	1	1	4	3	5	3	3	4	4	1

図 **7.8**　スプレッドシートデータを R 分析用に成形した CSV ファイル

◎　7.2.2　分析

本節で使用する R スクリプトは以下の通りです。

項目 7 と項目 10 は，この 2 項目の得点が高ければ高いほど，「仲良し母娘度」が低いだろうと考えられている項目です。このような測定したい特性と逆の性質を表す項目のことを**逆転項目**と言います。高ければ高いほど反対の特性を表すのですから，逆転項目が 5 点だった場合 5 件法で質問をしているため，$5 \times (-1) + 6 = 1$ というように処理する必要があります。

表 7.3　7.2 節で使用するコード

```
par_data<-read.csv(file="data/仲良し母娘度データ.csv",row.names=1)
par_data[,7]<-par_data[,7]*(-1)+6
par_data[,10]<-par_data[,10]*(-1)+6
head(par_data,3)
round(mean(par_data[,6]),3)
round(nsd(par_data[,6]),3)
round(nvar(par_data[,6]),3)
boxplot(par_data[,6],range=0,boxwex=0.5,horizontal=F)
boxplot(par_data,range=0,boxwex=0.5,horizontal=F)
```

```
>par_data[,7]<-par_data[,7]*(-1)+6
>par_data[,10]<-par_data[,10]*(-1)+6
>head(par_data,3)
     項目1 項目2 項目3 項目4 項目5 項目6 項目7 項目8 項目9 項目10
葦切    1    1    4    1    3    1    3    1    2    1
鵜      3    4    4    2    3    4    4    4    4    5
雲雀    2    2    4    4    2    4    5    5    4    5
```

仲良し母娘度データを読み込み，項目7"母親と仲が良いと周囲から思われることは恥ずかしい"と項目10"自分のことは放っておいて欲しいと母親に思うことがよくある"に対して処理を行います．関数 head() で最初の3列を確認すると，図7.8と比べて，処理を行った7列と10列の値が変わっているのがわかります．

```
> round(mean(par_data[,6]),3)
[1] 2.669
> round(nsd(par_data[,6]),3)
[1] 1.016
> round(nvar(par_data[,6]),3)
[1] 1.04
```

データを読み込み，関数 mean() と自作関数で項目6の平均と標準偏差，分散を求めます．次にデータの分布を把握するために，**箱ひげ図**を描いてみましょう．ここでは項目6について描画しています．

```
boxplot(データフレーム,range=1.5,boxwex=0.5,horizontal=F)
```

出力結果，図7.9を使って箱ひげ図の見方を説明します．この本では高校の教科

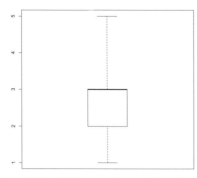

図 7.9　仲良し母娘データ項目 6 の箱ひげ図

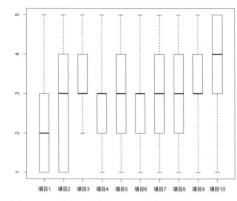

図 7.10　仲良し母娘データの箱ひげ図

書に合わせてひげの端をそれぞれデータ全体の最大値，最小値とするため，`range=0`としてください。箱の上端と下端に関しては高校の教科書と同様に，箱の最上端が第3四分位を，最下端が第1四分位を表し，太い線が中央値を表します[*6]。

また，`boxwell`で箱の幅を指定でき，`horizontal=T`とすると横向きに図を描画することができます。箱ひげ図は，複数のデータの分布を要約するときに便利です。今度は複数の項目の箱ひげ図を並べた**並行箱ひげ図**を描いてみましょう。先ほどのスクリプトのオブジェクトを`par_data`にすれば描けます。図 7.10 が描画されたものです。

[*6] ひげの両端は最小値，最大値を表す場合の他に，ある一定以上，以下のデータの最小値，最大値を表す場合があります。Rでは引数`range=`数値を使って設定することができます。

```
boxplot(par_data[,6],range=0,boxwex=0.5,horizontal=F)
boxplot(par_data,range=0,boxwex=0.5,horizontal=F)
```

表 7.4 が項目ごとの平均，標準偏差，分散です。項目 3「食べ物の好みが母親と似ている」は他の項目と比べ平均が高く，一方で分散が小さいことがわかります。多くの家庭では食事を母親が作っているため，食べ物の好みが似る傾向が強く，個人差も少ないのでしょう。箱ひげ図も高い所に位置し，箱の長さも短くなっています。一方で項目 2「母親とお揃いのものを買うことがよくある」は他の項目と比べ平均が低く，分散は大きいことがわかります。母親とお揃いのものを買う，という行動には個人差があり，人によってその傾向に大きなばらつきがあると考えられます。箱ひげ図も長く，また最小値＝第1四分位となっているため，「1：当てはまらない」に回答した人の数が多いことがわかります。

表 7.4　仲良し母娘データ結果

	平均	標準偏差	分散
項目 1　困ったとき，母親に助けてほしいと思うことがある	2.268	1.247	1.566
項目 2　母親とお揃いの物を買うことがよくある	2.598	1.313	1.738
項目 3　食べ物の好みが母親と似ている	3.488	0.900	0.817
項目 4　母親と一緒に出かけることが多い	2.606	1.105	1.231
項目 5　母親と共通の趣味を持っている	3.000	1.323	1.764
項目 6　恋愛相談を母親にする	2.669	1.016	1.040
項目 7　母親と仲が良いと周囲から思われることは恥ずかしい	3.197	1.097	1.213
項目 8　母親に嘘をつくことに罪悪感を感じる	2.992	1.428	2.055
項目 9　家事等，母親の手伝いをすることが好きだ	3.150	0.893	0.804
項目 10　自分のことは放っておいて欲しいと母親に思うことがよくある	4.110	1.084	1.185

§7.3　因子分析

　前節で扱ったリッカート・スケールで集めた「仲良し母娘度データ」を使って，さらに詳しい分析を行ってみましょう。逆転項目の処理を行わず，項目間の相関を求めたものを表 7.5 に示しました。

　10 個の項目はすべて「仲良し母娘度」を測定するためのものでしたが，項目間の相関係数には組み合わせによって高低があります。まず項目 7 と項目 10 の列に負の値が多いことから，相関係数の面から考えてもこの 2 項目は逆転項目であることが示唆されました。また項目 1 と項目 6 の相関は 0.514 と高いのに対し，項目 1 と項目 2 の相関は 0.185 と低いです。以上のような相関係数の値の違いから，相関係数を基準に 10 項目をいくつかのグループに分けることができそうです。このように多くの観測変量間に見られる相関関係が，いくつの，またどのようなグループ分けによって説明できるのかを調べる際に便利な手法を**因子分析**といいます。グルー

表 7.5　仲良し母娘データ項目間相関

	項目 1	項目 2	項目 3	項目 4	項目 5	項目 6	項目 7	項目 8	項目 9	項目 10
項目 1	1.000									
項目 2	0.185	1.000								
項目 3	0.198	0.370	1.000							
項目 4	0.240	0.215	0.160	1.000						
項目 5	0.242	0.513	0.577	0.235	1.000					
項目 6	0.514	0.177	0.124	0.365	0.192	1.000				
項目 7	−0.327	−0.092	−0.046	−0.605	−0.140	−0.366	1.000			
項目 8	0.458	0.136	0.039	0.374	0.132	0.698	−0.425	1.000		
項目 9	0.357	0.211	0.240	0.700	0.251	0.381	−0.672	0.466	1.000	
項目 10	−0.470	−0.124	−0.113	−0.336	−0.114	−0.714	0.383	−0.702	−0.394	1.000

プ分けをしたとき，項目間の相関を説明する隠れた変量がその背後にあります。これが前節で説明した構成概念 f（この説ではこれから**因子**と呼びます）です。項目ごとの点数 x には因子 f が影響していますが，もちろん，x はこの因子だけで決定されるわけではありません。因子だけでは説明できない部分（個人差など）をまとめて**誤差** e と呼びます。

つまり，各項目の点数は因子と誤差によって説明されていることになります。以上の関係は，「項目 1 の点数」を例に取ると以下のように表すことができます。

$$x_1(項目1の点数) = a_{11}f_1 + a_{12}f_2 + a_{13}f_3(因子) + e_1(誤差) \tag{7.6}$$

さらに i 項目，m 因子の場合は以下のように表すことができます。

$$x_i = a_{i1}f_1 + a_{i2}f_2 + \cdots + a_{im}f_m + e_i \tag{7.7}$$

a_{im} は因子 f_m の係数で，**因子負荷**と呼びます。因子負荷は因子 f_m が変量 x_i をどのくらい説明しているかを表しています。

◎ 7.3.1　分析

それでは具体的に「仲良し母娘データ」を使って因子分析を行ってみましょう。本節で使用する R スクリプトは以下の通りです。

表 7.6 7.3 節で使用するコード

```
par_data<-read.csv(file="data/仲良し母娘度データ.csv",row.names=1)
round(cor(par_data),3)
library(psych)
source("myfunc/myfunc.R")
par_data[,7]<-par_data[,7]*(-1)+6
par_data[,10]<-par_data[,10]*(-1)+6
myscree(par_data)
SD_fa<-myfa(par_data,3)
print(SD_fa,sort=T)
SD_sc <- round(SD_fa$scores,2)
rev(sort(SD_sc[,1]))
```

関数 library() を使ってパッケージ psych を読み込みます。調査テーマ「仲良し母娘度」に対して"母親と一緒に出かける，といった外的に現れる親しさ"，"母

親への内的な信頼感や親しさ"，"母親との好みの一致"という3つの見出し項目が挙げられたため，その下にぶら下がる10項目も3つにまとめられるのではないかとひな子さんは考えました．ですが，本当に3因子かどうかわからないため，**スクリープロットを用いて因子数を確認してみましょう．**

因子数の決定

スクリープロットを使い，視覚的に因子数の目安を確認します．

```
myscree(データフレーム)
```

関数 myscree() でスクリープロットを描きます．スクリープロットは，横軸が因子数，縦軸が固有値を表しています．固有値とは，因子が持つデータに対する情報量のようなもので，この値が急激に小さくなるとき，データが十分に説明できていると考えます．つまり，スクリープロットの折れ線が急激に落ちている，因子数の1つ前の数を採用することで適切な因子数の目安が得られます．逆転項目の処理をしたデータに対して描いたスクリープロット，図 7.11 より 3 因子が適切であるということが示唆されました．

```
myscree(par_data)
```

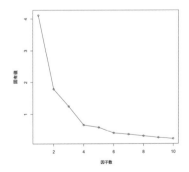

図 7.11 仲良し母娘度データのスクリープロット

```
#因子負荷行列
> SD_fa<-myfa(par_data,3)
> print(SD_fa,sort=T)
Standardized loadings (pattern matrix)
based upon correlation matrix
      item   ML1   ML3   ML2    h2   u2 com
項目 6    6  0.88 -0.07  0.03 0.73 0.27 1.0
項目 10  10  0.87 -0.02 -0.05 0.71 0.29 1.0
項目 8    8  0.80  0.09 -0.08 0.69 0.31 1.0
項目 1    1  0.52  0.04  0.15 0.36 0.64 1.2
項目 9    9 -0.02  0.89  0.05 0.79 0.21 1.0
項目 4    4 -0.04  0.79  0.04 0.62 0.38 1.0
項目 7    7  0.06  0.76 -0.10 0.60 0.40 1.0
項目 5    5 -0.03  0.00  0.86 0.73 0.27 1.0
項目 3    3 -0.06  0.02  0.68 0.46 0.54 1.0
項目 2    2  0.03  0.02  0.58 0.35 0.65 1.0
```

因子数が決定したため，分析を行ってみましょう．関数 `myfa()` は因子分析を実行する関数です．因子分析の結果を格納したオブジェクトを関数 `print()` に代入し，結果を出力します．引数 `sort=T` を指定することで，どの因子からの因子負荷が大きいのかに応じて並びかえて出力することができます．

因子負荷

はじめに出力されるのが，**因子負荷行列**です．因子負荷行列は因子 $k(1,2,\ldots,m)$ からの観測変量 $i(1,2,\ldots,n)$ に対する影響の強さを示す因子負荷 a_{ik} を i 行 k 列に配したものです．出力部分だと `ML1` の列に並んでいる値が因子1の各項目に対する因子負荷の値です．因子負荷は例外はありますが，およそ -1 から 1 の値をとります．出力から項目1から項目3の因子分析モデルは以下のように表現されます．

$$項目 1 = 0.52 \times f_1 + 0.04 \times f_2 + 0.15 \times f_3 + e_1 \tag{7.8}$$

$$項目 2 = 0.03 \times f_1 + 0.02 \times f_2 + 0.58 \times f_3 + e_2 \tag{7.9}$$

$$項目 3 = -0.06 \times f_1 + 0.02 \times f_2 + 0.68 \times f_3 + e_3 \tag{7.10}$$

この式から，項目1は因子 f_1 から大きな影響を受け，項目2, 3は因子 f_3 から大きな影響を受けていることがわかります．因子負荷行列から，それぞれ因子1が最も影響を与えているのが4項目，因子2は3項目，因子3も3項目であると考えられます．

因子を説明変数，項目を目的変数としたとき，項目 x_i が m 個の因子から説明される割合**共通性**と言い，この値が大きければ因子から多く影響を受け，逆に誤差からの影響は少ないと解釈できます．たとえば出力結果から，項目6は項目1よりも

3 つの因子の説明率が高いと言えます.

```
With factor correlations of
      ML1  ML3  ML2
ML1  1.00 0.57 0.27
ML3  0.57 1.00 0.31
ML2  0.27 0.31 1.00
```

`factor correlations` の部分では，**因子間相関**を示しています．それぞれの因子間に正の相関がみられるため，3 つの因子はそれぞれ正の相関があり，特に因子 1「内的親愛」と因子 3「外的親愛」(因子の命名については後述参照) の相関が 0.57 で最も高いことがわかりました．

累積寄与率

```
                       ML1  ML3  ML2
SS loadings           2.43 2.02 1.58
Proportion Var        0.24 0.20 0.16
Cumulative Var        0.24 0.45 0.60
Proportion Explained  0.40 0.34 0.26
Cumulative Proportion 0.40 0.74 1.00
```

前述の通り因子分析は，データ間の相関関係をいくつかの因子で説明する手法ですが，このとき因子数が大きすぎると因子の解釈が難しくなります．一方で少なすぎると，当てはまりが悪く，適切なモデルとはいえなくなります．今回は因子数 3 で分析をしましたが，どのくらい 3 因子でデータを説明できているのでしょうか．因子 k を説明変数としたとき，データ全体に対する説明率を**寄与率**と言います．寄与率を因子 m 個分足し上げた値を**累積寄与率**と呼び，出力の `Cumulative Var` で確認ができます．因子数が増えるにつれ `0.24 0.45 0.60` と説明率が上昇しているのがわかります．本分析では，3 つの因子で 60%説明できていると解釈できます．

因子の命名

因子数も決定したので，続いて**因子の命名**を行います．先行研究や因子負荷の高い項目の内容から因子が表す特性を推測し，名前を付けることを因子の命名と言います．因子負荷行列から，因子 1 が表す特性が変動すると，それに応じて項目 1, 6, 8, 10 の値も変動することがわかりました．因子 1 が表す特性が高いとき，項目 1, 6, 8 の得点も上がり，逆転項目の項目 10 は下がることが予想できます．項目 1「困ったとき，母親に助けてほしいと思うことがある」，項目 6「恋愛相談を母親にす

る」,項目 8「母親に嘘をつくことに罪悪感を感じる」,項目 10「自分のことは放っておいて欲しいと母親に思うことがよくある」の 4 項目の背後にある因子を推測してみましょう。4 項目とも母親に対する信頼や親しみと関連のある項目のため,先行研究で考えた見出し項目のうち『母親への内的な信頼感や親しさ』に当てはまると考えられます。このように他の因子も名づけ,因子 1 を「内的親愛」,因子 2 を「好みの一致」,因子 3 を「外的親愛」と命名しました。

因子スコアの高い人を調べる

因子分析の結果から,各回答者の因子ごとの得点を取り出すことができます。この因子ごとの得点を**因子スコア**と呼び,この値が高ければ因子が表す特性を強く持っているということになります。回答者の因子スコアのランキングを作ってみましょう。

```
> SD_sc <- round(SD_fa$scores,2)
> rev(sort(SD_sc[,1]))
   山雀    菘    鶉    杉 瑠璃鶲    燕    鳩    桃
   1.73  1.66  1.63  1.44  1.41  1.41  1.35  1.34
(中略)
   山鳥    林檎   昼顔   葦切 彼岸花   家鳩  鈴蘭
  -1.50  -1.51  -1.59  -2.03  -2.10  -2.10  -2.17
```

因子分析の結果が入ったオブジェクト$scores とすることで,因子スコアを抽出することができます。因子スコアが格納されたオブジェクト SD_sc を rev(sort()) に代入し降順に並べた結果を出力します。関数 sort() は昇順に並べる関数であるので,さらに関数 rev() をかけることで降順にすることができます。今回,データ収集の際に『自分にしかわからないあだ名』を入力してもらっています[7]。こうすることで結果を開示する際に,他の人には結果が分からないまま,自分がランキングのどの位置にいるのか回答者自身が確認することができます。出力結果より,「内的親愛」の一番高い人は『山雀』という名前を持った人で,一番低い人は『鈴蘭』という名前を持った人です。

[7] 本データではあだ名の代わりに鳥と草花の名前を割り当てています。

◎ **7.3.2 レポートに書く際に注意すること**

レポートでの文章例

レポートを書く際,必要内容のチェックリストとして利用してください。

> □ 被験者数　□ 観測変量の説明と数　□ 因子数と採用した理由（スクリープロット）
> □ 因子負荷行列　□ 共通性　□ 累積寄与率　□ 因子間相関　□ 因子名とその説明

最後に今回の分析の結果の一部から，記述例を紹介します．

> 女子高校生 127 人に「仲良し母娘度」に関するアンケート調査を行い，10 項目に対し，5 件法で評価をさせた．その内容と因子負荷行列，共通性，因子間相関は表に示した．項目内容の収集で見出し項目が 3 つであったため，因子数は 3 を指定した．スクリープロットでも 3 が示唆され，当初の仮説が支持された．累積寄与率は 60% であり，因子名はそれぞれ「内的親愛」，「好みの類似」，「外的親愛」とした．

§7.4　●SD 法

ある対象について，人が抱いている印象やイメージに興味のある場面は多く見られます．たとえば，マーケティングの世界では，ある商品に対して消費者が持つイメージを調査することもあります．このような印象・イメージデータを測定する方法が **SD 法** (semantic differential method) です．SD 法では，反対の意味を持つ形容詞対を等間隔（5 から 7 つが一般的，評定段階について詳しくは 7.2 節参照）に分けたものが項目で，回答者は対象へのイメージに近い評定段階にチェックします．対義語の例としては「明るい–暗い，清潔である–不潔である，静的な–動的な」といったものがあります．SD 法の質問フォームを作成する際に気をつけることは
(1) 類似した意味の形容詞（例「美しい–醜い」と「きれいだ–汚い」）を並べて置かない，(2) ネガティブな意味の形容詞が左右どちらかに偏らない等です．今回は「A 大学のイメージに関するアンケート」を例に挙げ説明をします．

◎ 7.4.1　フォーム・データ

A 大学の大学生 100 人に対し，A 大学のイメージに関して 6 個の形容詞対について 7 件法で回答してもらいました．図 7.12 はフォームの一部，図 7.13 は収集したデータの一部です．この他に項目 3「冷たい–あたたかい」，項目 4「特色のある–ありきたりの」，項目 5「やぼったい–しゃれた」，項目 6「繊細な–大胆な」を質問項目としています．

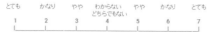

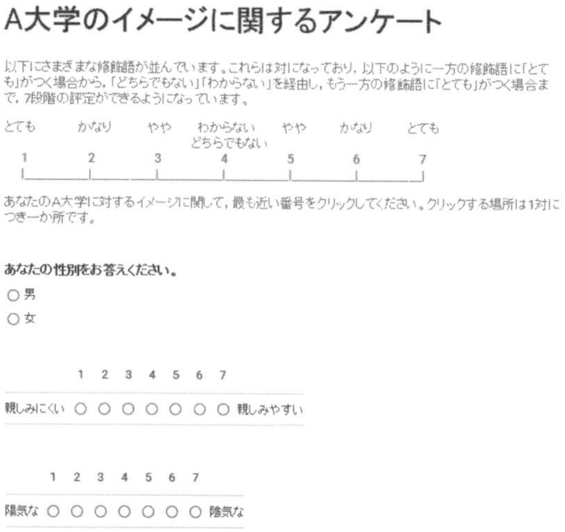

図 7.12　大学に対するイメージ調査フォーム（一部）

	A	B	C	D	E	F	G
1	項目1	項目2	項目3	項目4	項目5	項目6	性別
2	5	6	2	1	5	3	男
3	4	7	1	4	3	2	男
4	5	7	3	1	4	2	女

図 7.13　スプレッドシートデータを R 分析用に成形した CSV ファイル

◎　7.4.2　分析

本節で使用する R スクリプトは以下の通りです。

表 7.7　7.4 節で使用するコード

```
source("myfunc/myfunc.R")
uni_data<-read.csv(file="data/大学イメージデータ.csv")
round(mean(uni_data[,1]),3)
round(nsd(uni_data[,1]),3)
round(nvar(uni_data[,1]),3)
boxplot(uni_data[,1],range=0,boxwex=0.5,horizontal=F)
boxplot(uni_data[,1:6],range=0,boxwex=0.5,horizontal=F)
```

前節と同様に，項目ごとの平均，標準偏差，分散を求め，箱ひげ図を描きました。結果は表 7.8 と図 7.14,7.15 に示しました。項目 1「親しみにくい–親しみやすい」は平均が 6 項目の中で最も高い項目です。毎日通っている大学に対し親しみを感じる

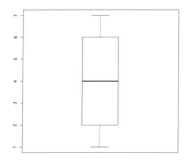
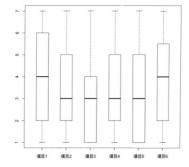

図 7.14 大学イメージデータ項目 1 の箱ひげ図　　図 7.15 大学イメージデータの平行箱ひげ図

表 7.8 大学イメージデータ結果

	平均	標準偏差	分散
親しみにくい–親しみやすい	3.97	2.05	4.25
陽気な–陰気な	3.64	1.99	3.99
冷たい–あたたかい	3.09	1.80	3.28
特色のある–ありきたりの	3.53	1.99	4.01
やぼったい–しゃれた	3.28	1.97	3.90
繊細な–大胆な	3.83	2.01	4.10

大学生が多いのでしょう．しかし分散も 6 項目のうち最も大きくなっており，客観的に見ると親しみにくいと考える大学生もいると考えられます．箱ひげ図も他の項目に比べ長くなっていることがわかります．

Chapter.8 応用的な分析へ

本章では，分析の目的に応じて選択できる，応用的な4つの手法を紹介します。ここで紹介する分析手法は，それぞれ手法ごとに決まった質問形式で調査票を作成する必要があるため，各節の例を参考にしてください。本章で紹介する手法を学習することで，アンケート調査の活用の可能性が拡がるでしょう。

§8.1　●MDS

手法の目的

　Aさんが通う学習塾の座席はくじで席が決まります。くじで決まった座席表は図8.1のようになりました。Aさんは一番前の席に座ることになり，親友のGさんとは離れてしまいました。ここで座席に座ったときの目に見える8人の距離を計算すると表8.1のようになります。このような行列形式のデータを**距離行列**と呼びます。AさんとB君の距離，B君とAさんの距離は同じになりますよね。列と行の組み合わせが同じものは値が同じになります。このため，同じ人の間の距離は0になっています。表8.1よりAさんは隣の席のB君とは0.6m離れて座っており，AさんとGさんは2.4m離れていることがわかります。しかし，この2.4mという距離は座席上の2人の距離であり，AさんとGさんの心の距離（仲良し度）を表してはいません。もし心の距離を測り，2次元の図に8人を配置したらどうなるでしょうか。8人の仲の良さを測り，2次元に配置した図を図8.2に示します。女の子4人（A，C，

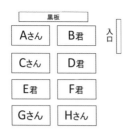

図 8.1 塾のクラスの座席図

表 8.1 8 人の座席表での距離 (m)

	A	B	C	D	E	F	G	H
A	0.0	0.6	0.8	1.0	1.6	1.7	2.4	2.5
B	0.6	0.0	1.0	0.8	1.7	1.6	2.5	2.4
C	0.8	1.0	0.0	0.6	0.8	1.0	1.6	1.7
D	1.0	0.8	0.6	0.0	1.0	0.6	1.7	1.6
E	1.6	1.7	0.8	1.0	0.0	0.6	0.8	1.0
F	1.7	1.6	1.0	0.6	0.6	0.0	1.0	0.8
G	2.4	2.5	1.6	1.7	0.8	1.0	0.0	0.6
H	2.5	2.4	1.7	1.6	1.0	0.8	0.6	0.0

G, H) が右側に，男の子 4 人 (B, D, E, F) が左側に配置されているため，横軸は性別を表すものと考えられます．一方，サッカー部の D 君と E 君は上側に，マンガ部に所属している C さんと H さんは下側に配置されているため，縦軸は部活の違いを表すと考えられます．

A さんと G さんは女の子で帰宅部なので右側の真ん中くらいの高さに集まっています．2 人の距離は近く，仲の良さが現れています．一方，A さんの隣に座っていた B 君は図 8.2 では遠くに配置されているため，そこまで A さんと仲が良いわけではなく，B 君は同じ帰宅部で男の子の F 君と仲が良いと考えられます．同様に，男の子で運動系クラブに所属している D 君と E 君，女の子で文化系クラブに所属している C さんと H さんはそれぞれ仲が良いことがわかりました．

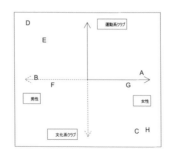

図 8.2 8 人の仲良し度配置図

このように心理的な距離から，対象間の相対的な位置関係を布置する手法を**多次元尺度法 (MDS, multi-dimensional scaling)** と呼びます[1]．

[1] MDSにはいくつかの手法がありますが，この本ではカルスカルにより提案された計量多次元尺度法を適用します．

◎ 8.1.1 分析

7.4節の大学イメージデータを使い，個々の回答者が持っているイメージの違いに注目します。「性別」のデータを使い，回答者のイメージの性別による違いを検証してみましょう。本節で使用するRスクリプトは以下の通りです。

表8.2　8.1節で使用するコード

```
library(MASS)
source("myfunc/myfunc.R")
uni_data<-read.csv(file="data/大学イメージデータ.csv")
data.dist<-dist(uni_data, method="euclidean")
(data.iso<-isoMDS(data.dist,k=2))
plot(data.iso$points, type="n", xlab="x",ylab="y")
text(data.iso$points,labels=uni_data[,7], cex=0.8)
par(new=T)
namelabel<-c("親しみやすい","陰気な","あたたかい","ありきたりの",
        "しゃれた","大胆な")
Posi.arrow(data.iso$points,uni_data,length=0.1,angle=30,
        xlab="x",ylab="y",xlim=c(-6,6),ylim=c(-6,4),
        scale=6.5,arro=6,xaxt="n",yaxt="n",itemnames=namelabel)
```

```
data.dist<-dist(データフレーム, method="euclidean")
isoMDS(データの距離行列,k=2)
```

分析のため，MASSというパッケージを読み込んでください。MDSの分析では，まずデータの距離，非類似度を求めます。ここでは関数dist()を使い，求めた距離をdata.distというオブジェクトに代入しています。引数methodでは距離の求め方を指定でき，ここではeuclideanを指定しています。ユークリッド距離は私たちが生活の中で普通に認識している距離です。次に，関数isoMDS()にデータの距離行列を入れ，k次元上のデータの座標(points)と当てはまりの良さを表すストレス(stress)を出力します。引数kには求める座標の次元数を入れます。ここでは図示し，解釈するのに便利なためk=2で分析します。

```
> data.dist<-dist(uni_data, method="euclidean")
> (data.iso<-isoMDS(data.dist,k=2))
$points
          [,1]         [,2]
1   -3.64514985  0.152351900
2   -2.07795499  3.069135650
3   -3.98599371  0.853741758
(中略)
$stress
[1] 11.93053
```

ストレス値

k 次元の配置図がどの程度データに当てはまっているのかを判断するため，ストレス値を使います．ストレス値は 0 以上の値を取り，小さければ小さいほど当てはまりがいいと解釈します．ストレス値による当てはまりの良さの判断基準を表 8.3 に示しました．関数 isoMDS() ではストレス値が百分率で出力されるため注意が必要です．今回の分析では 2 次元のとき，ストレス値が 11.93% であるため比率表記にするとおよそ 0.12 となります．この値は表 8.3 より "悪くはない適合" の付近なので，2 次元の配置図を解釈に使っても差し支えなさそうです．

表 8.3 ストレス値による当てはまりの良さの判断基準

ストレス値	当てはまりの良さ
0.200	よくない
0.100	悪くはない適合
0.050	よい適合
0.025	非常によい適合
0.000	完全な適合

それではいよいよ回答者 100 人分の座標を布置した 2 次元の配置図を描いてみましょう．

```
plot(座標, type="n")
text(座標, labels, cex=0.7)
```

関数 plot() に先程求めた座標 data.iso$points を入れます．引数 type="n" とすることで，点を布置せず，軸だけを描くことができます．関数 text() は text(座標, 文字列) とすることで指定の座標に文字を布置する関数です．

今回は回答者がどこに位置しているかわかるようにするため，回答者の性別を labels=uni_data[,7] として与え，text 関数で布置しました．cex=0.7 で文字の大きさを変えることができます．

```
plot(data.iso$points, type="n", xlab="x",ylab="y")
text(data.iso$points, labels=uni_data[,7], cex=0.8)
par(new=T)
```

さらに，空間に対して形容詞で意味づけを行います．par(new=T) を指定することで先程描いた配置図に重ねて描画することができます．

```
namelabel<-c("親しみやすい","陰気な","あたたかい","ありきたりの",
        "しゃれた","大胆な")
Posi.arrow(data.iso$points,uni_data,length=0.1,angle=30,xlab="x",
     ylab="y",xaxt="n",yaxt="n",xlim=c(-6,6),ylim=c(-6,4),
     scale=6.5,arro=6,itemnames=namelabel)
```

自作関数 Posi.arrow() は k 次元上に項目内容を表す矢印を引き，空間に意味づけを行います．引数 length,angle でそれぞれ矢印の矢の部分の長さと開きを指定します．xaxt="n",yaxt="n"を指定することで軸目盛が重なることを防いでいます．また，xlim=,ylim=の範囲は配置図と揃えましょう．

また，引数 scale で矢印から矢印のラベルまでの距離を指定し，arro で矢印の長さを指定することができます．itemnames は矢印のラベルを指定する引数です．今回は形容詞名を矢印のラベルにつけるため，namelabel というオブジェクトに項目 1 から 6 の形容詞名を格納しています．このとき，逆転項目である項目 2 と項目 4 はネガティブな形容詞名になっていることに注意してください．スクリプトから描画された図を第 1 群から 4 群に群分けした図を図 8.3 に示します．

第 1 群は「ありきたりな」の矢印周辺に固まっている回答者たちで，一方，第 3 群は「親しみやすい」，「しゃれた」の矢印周辺に固まっている回答者たちです．第 1 群は自分の通っている大学に対して「ありきたりである」というネガティブなイメージを持っているのに対し，第 3 群の人たちは「親しみやすく，しゃれている」というポジティブなイメージを持っていることがわかりました．

また，性別に注目すると「ありきたりな」と「あたたかくて，大胆な」の矢印周辺に男性が集まり，一方で「しゃれていて，親しみやすい」の矢印周辺に女性が集まっ

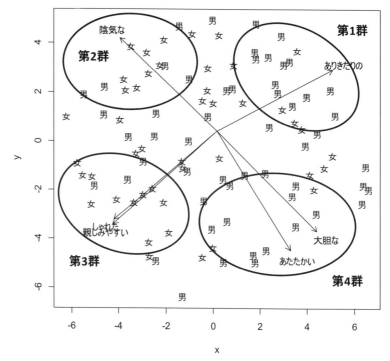

図 8.3　配置図と空間の意味づけを重ね描きした図

ているように見えます。そのため，男性は自分の通っている大学について「ありきたりな」，または「あたたかくて，大胆である」という印象を抱く人が多く，女性は「しゃれていて，親しみやすい」という印象を抱く人が多いことがわかりました。

性別ばかりでなく，学年や出席番号，出身高校などさまざまな属性で打点しても興味深い解釈ができそうです。

◎　8.1.2　レポートに書く際に気をつけること

レポートを書く際に，最低限書いておかなければならない内容は以下です。レポートを書く際，必要内容のチェックリストとして利用してください。

☐ 回答者数　☐ 回答者の説明　☐ 項目内容の説明　☐ ストレス値　☐ 配置図
☐ 空間の位置づけ

最後に今回の分析の結果の一部から，記述例を紹介します。

A大学のイメージに関するアンケートを実施し，多次元尺度法 (MDS) により分析を行った．観測対象数はA大学に通っている大学生100人である．A大学について5件法のSD法で6つの形容詞対 (表7.8) を利用し，イメージを評定してもらった．分析には，統計解析環境Rのパッケージ MASS に含まれる関数 isoMDS を利用した．イメージを評定したデータから，ユークリッド距離によって観測対象間の距離行列を作成し，カルスカルにより提案された非計量多次元尺度法を適用して2次元の座標軸を計算した．2次元の配置図のストレス値は約0.12であり，悪くはない適合だと解釈できた．対象を2次元に配置し，形容詞対を同時にプロットした図を図8.3に示す．

　第1群は「ありきたりな」の矢印周辺に固まっている回答者たちで，一方，第3群は「親しみやすい」，「しゃれた」の矢印周辺に固まっている回答者たちである．第1群は自分の通っている大学に対して「ありきたりである」というネガティブなイメージを持っているのに対し，第3群の人たちは「親しみやすく，しゃれている」というポジティブなイメージを持っていることがわかった．また，性別に注目すると「ありきたりな」と「あたたかくて，大胆な」の矢印周辺に男性が集まり，一方で「しゃれていて，親しみやすい」の矢印周辺に女性が集まっているように見える．そのため，男性は自分の通っている大学について「ありきたりな」，または「あたたかくて，大胆である」という印象を抱く人が多く，女性は「しゃれていて，親しみやすい」という印象を抱く人が多いことがわかった．

§8.2　一対比較法

8.2.1　手法の目的

　好きな芸能人ランキング，働きたい企業ランキング，行きたい国ランキングなど世の中には色々なランキングがありますね．江戸時代にもさまざまなものに順位づけをした見立番付が町民の間で大変人気だったそうです．日本人は昔からランキングが好きなのでしょうか．ここでは複数の対象をある基準の下で一対ずつ比べていき，最終的にランキング形式にまとめることができる**一対比較法**(paired comparison method) について学びます．また分析の結果としてその基準における個々の**選好度**，すなわち可愛さのランキングでは可愛さ，美味しさのランキングでは美味しさの度合いを相対的に表す値を求めることができます．したがって対象間の差の有無だけでなく，その大きさについても知ることができます．

　しかし一対ずつ比べていくとなると，その比較回数はすべての候補の中から2つを取り出す組み合わせの数に等しくなります．すなわち，候補数がn個の場合は$n(n-1)/2$個の質問に回答者が答えなければならないということです．これは大き

な問題です．対象数が20にまでのぼった場合の質問数は $20 \times 19 \div 2 = 190$ 個というとてつもない数になります．このように一対比較法では対象数が増えると回答者への負担が大きくなってしまうという欠点があります．

そこで今回はそのような欠点を補うことのできる方法を用いて分析を進めていきます．それではある高校の林間学校に関するアンケートデータを例にとり，詳しくみていきましょう．

◎ 8.2.2 フォーム

ある高校では2年時の夏に開催される林間学校が生徒たちに大変人気であり，中でも自由時間に行われるレクリエーションは生徒たちの一番の楽しみでした．今年は候補が多く挙がったため，2年生の希望をもとに順位づけをし，1位になったものを採用することにしました．

その候補は「川下り」「バーベキュー」「花火」「肝試し」「ビンゴ大会」「キャンプ」「映画鑑賞」「ハイキング」「ジェスチャーゲーム」の9つです．ただし雨天時は「ビンゴ大会」「映画鑑賞」「ジェスチャーゲーム」のうち，最も順位の高かったものを採用することにしました．2年生の希望を聞くために図8.4，図8.5のようなフォームを作成しました．図8.4のフォームをフォームAとし，図8.5のフォームをフォームBとしましょう．

ここで注目して欲しいことは9つの候補のうち，「ジェスチャーゲーム」「ビンゴ大会」「花火」「バーベキュー」の4つはフォームAだけに，「キャンプ」「映画鑑賞」「ハイキング」「肝試し」の4つはフォームBだけに登場し，「川下り」は両方のフォームに登場するということです．これは両方にある候補を基準として直接比べていない候補同士を比較することを目的としています．このようにすることで回答者1人当たりの回答回数が減り，結果，回答者の負担を減らすことができます．これが冒頭で述べた欠点を補う方法となります．実際，今回の例では候補すべてを1種類のフォームにまとめると回答者は36回回答することになりますが，この方法をとることで10回回答するだけで済みます．

それでは2年生222人のうち，112人にはフォームAを，110人にはフォームBを回答してもらった形式のデータを用いて分析を進めていきましょう．

§8.2 一対比較法   181

図 8.4　フォーム A　　　　　　　図 8.5　フォーム B

	A	B	C	D	E	F	G	H	I	J
1	1	2	1	2	2	2	1	1	2	2
2	1	1	1	1	2	2	1	1	2	1
3	1	1	2	1	2	2	2	2	1	1
4	1	1	1	2	2	2	1	1	1	2

図 8.6　スプレッドシートデータを R 分析用に成型した CSV ファイル

◎ 8.2.3 データ

フォーム A から得られたデータうち，上から 4 人分のデータを図 8.6 に示します。行は回答者，列は質問項目です。各セルには 1，または 2 が入っており，左側に示された候補を選んだ場合は 1 が，右側に示された候補を選んだ場合は 2 が与えられています。

◎ 8.2.4 分析

本節で使用する R スクリプトは以下になります。

表 8.4　8.2 節で使用するコード

```
library(BradleyTerry2)
formA<-read.csv("data/recA.csv")
formB<-read.csv("data/recB.csv")
player1<-c("ジェス","ジェス","ジェス","ジェス","ビンゴ","ビンゴ","ビンゴ",
           "花火","花火","バーベ","川下り","川下り","川下り","川下り",
           "キャン","キャン","キャン","映画鑑","映画鑑","ハイキ","肝試し")
player2<-c("ビンゴ","花火","バーベ","川下り","花火","バーベ","川下り",
           "バーベ","川下り","川下り","キャン","映画鑑","ハイキ","肝試し",
           "映画鑑","ハイキ","肝試し","ハイキ","肝試し","肝試し","ジェス")
formAwin1<-colSums(-1*formA+2)
formBwin1<-colSums(-1*formB+2)
win1<-c(formAwin1,formBwin1,NA)
formAwin2<-112-formAwin1
formBwin2<-110-formBwin1
win2<-c(formAwin2,formBwin2,NA)
(rec.dat<-data.frame(player1,player2,win1,win2))
(recModel <-BTm(cbind(win1,win2),player1,player2,data=rec.dat,
                refcat="川下り"))
```

[*2] どちらがどれくらい良いかといった候補間の差の大きさまで問う質問に回答するより，どちらが良いかという単純な質問に回答するほうが簡単ですよね。

まず分析の具体的な手順を学習する前に一対比較法ではどのようなデータに対し，どのようなアプローチをとっているのかについて少し考えてみましょう。そもそも今回の調査では 2 つの候補を比べ，どちらが良いか，という質的な質問を行っています。このような質的な判断のみを要する質問は回答者にとって回答しやすい質問になります[*2]。しかし回答者の回答が容易になる一方，分析者にとっては質的なデー

タからは好まれる候補の順位は分かっても，その差の大きさまでは分からないというデメリットもあります。

そこで一対比較法では，まず各回答者の **2 値データ** を人数分足し合わせることによって候補の対ごとの勝敗数を表すデータを作ります。そしてその勝敗数のデータを用いて比較した候補間にどれくらいの差があったのかという量的な考察を可能とする尺度値を算出します。この尺度値が本節冒頭で述べた選好度であり，一対比較法ではこの値を見比べて考察を進めていきます。

それでは一対比較法の目的・手順がわかったところで，スクリプトの解説に入ります。まず関数 `library()` を使って今回の分析に用いるパッケージ `BradleyTerry2` を読み込みましょう。次に関数 `read.csv()` を用いてフォーム A からのデータを読み込み，それを `formA` に格納します。フォーム B からのデータについても同様の手順で作業を進め，`formB` に格納します。

```
formA<-read.csv("data/recA.csv")
formB<-read.csv("data/recB.csv")
```

ここからは分析に直接用いる勝敗数のデータを作成します。完成したデータフレームを表 8.5 に示していますので，適宜参照してください。少し難しく思われるかもしれませんが，今データフレームのどの部分を作成しているのか，ということを考えながら進めていきましょう。

完成形データフレームの 1 列目 `player1`[*3] は上から 10 行目までがフォーム A の左側に提示された候補の略称，11 行目から 20 行目までがフォーム B の左側に提示された候補の略称となっています。2 列目の `player2` は上から 10 行目までがフォーム A の右に提示された候補の略称，11 行目から 20 行目までがフォーム B の右に提示された候補の略称となっています。

また一対比較法の分析においては `player1`，`player2` のそれぞれにすべての候補が登場しなければならないという決まりがあるため，`player1` の 21 行目には「肝試し」が，`player2` の 21 行目には「ジェス」がそれぞれ与えられています。したがって `player1`，`player2` に関してはフォームの左側，右側に出てきた候補の略称と最後に足す「肝試し」，「ジェス」をそれぞれ関数 `c()` を用いて 1 次元的に並べて作成しています。

続いて具体的な勝敗数を 2 値データから算出します。データフレームの 3 列目

[*3] 一対比較法は，元はスポーツの対戦成績に用いられた手法でした。そのため慣習的に候補名を player, 選ばれた数を win と表現しています。

win1 には同じ行で示されている player1, player2 の候補を比較し, player1 の候補が選ばれた数が与えられています。反対に 4 列目 win2 には player2 の候補が選ばれた数が与えられています。これらを作成する具体的なスクリプトは以下になります。

```
formAwin1<-colSums(-1*formA+2)
formBwin1<-colSums(-1*formB+2)
win1<-c(formAwin1,formBwin1,NA)
```

先ほどフォームから読み込んだデータを用いて, win1, win2 を作成しますが, フォーム上のデータは 1 と 2 からなるデータでしたので, まずはこれを 0 と 1 からなるデータに修正する必要があります。

フォームでは左に示された候補が選ばれた場合は 1, 右の候補が選ばれた場合は 2 が与えられていたので, これらのデータに −1 を掛け, 2 を足します。すると $1 \times (-1) + 2 = 1$, $2 \times (-1) + 2 = 0$ というように左の候補が選ばれた場合には 1, 右の候補が選ばれた場合, すなわち左の候補が選ばれなかった場合には 0 となる 2 値データになります。

この作業を行っているのがスクリプトの, -1*formA+2 と-1*formB+2 の部分となります。あとは列の和をとる関数 colSums() を用いて勝敗数を人数分足しあげたデータを作成し, それを formAwin1, formBwin1 に格納します。

そして作成した formAwin1 と formBwin1 を繋げ, 最後に足した「肝試し」の分の NA[4] を加えることで完成形データフレームの一番左の列 win1 ができ上がります。

次に win2 に関しては全体の回答者数から win1 の値を引くことで求めることができます。したがってまずフォーム A の回答者数 112 人から formAwin1 を引いた結果を formAwin2 に格納し, フォーム B の回答者数 110 人から formBwin1 を引いた結果を formBwin2 に格納します。そしてこの 2 つのオブジェクトを win1 を作成したのと同様の手順で繋げ, 最後に足した「ジェス」の分の NA を加えることで win2 を作成します。具体的なスクリプトは以下の通りです。

```
formAwin2<-112-formAwin1
formBwin2<-110-formBwin1
win2<-c(formAwin2,formBwin2,NA)
```

[4] 欠損値のことであり, そこにデータがないことを表します。「肝試し」と「ジェス」の組み合わせに関しては分析の都合上加えたため, 実際には比較されておらずデータは存在しません。

ここまでの作業を終えたならば，最後に player1，player2，win1，win2 を関数 data.frame() を用いて一つのリストにまとめ，表 8.5 に示した完成形データフレームを作ります．関数 data.frame() はベクトルや行列をまとめて１つのデータフレームにする関数です．

```
data.frame(ベクトル 1, ベクトル 2, ... ベクトル n)
```

```
(rec.dat<-data.frame(player1,player2,win1,win2))
```

スクリプトを実行し，rec.dat の中身が表 8.5 の完成形データフレームと一致していれば成功です．

表 8.5　完成形データフレーム

```
   player1 player2 win1 win2
1    ジェス   ビンゴ   90   22
2    ジェス   花火     49   63
3    ジェス   バーベ   47   65
4    ジェス   川下り   87   25
5    ビンゴ   花火     17   95
6    ビンゴ   バーベ   20   92
7    ビンゴ   川下り   52   60
8    花火     バーベ   57   55
9    花火     川下り   81   31
10   バーベ   川下り   85   27
11   川下り   キャン   47   63
12   川下り   映画鑑   90   20
13   川下り   ハイキ   85   25
14   川下り   肝試し   71   39
15   キャン   映画鑑   91   19
16   キャン   ハイキ   83   27
17   キャン   肝試し   75   35
18   映画鑑   ハイキ   38   72
19   映画鑑   肝試し   26   84
20   ハイキ   肝試し   38   72
21   肝試し   ジェス   NA   NA
```

　それではいよいよ分析そのものに入ります．今回は一対比較データの分析方法として **ブラッドリーテリーモデル**（BT モデル）という方法を用います．分析に使用する関数はパッケージ BradleyTerry2 の中にある関数 BTm() を用います．

```
BTm(cbind(win1,win2), player1, player2, data =データ,
   refcat ="基準となる候補名")
```

括弧の中身について詳しく見ていきます。まず `cbind(win1,win2)` という部分でアンケートの勝敗結果に関する情報を与えています。次にその結果がどの候補とどの候補を比べたものなのか，という情報を `player1`，`player2` でそれぞれ与えています。この `player1`，`player2`，`win1`，`win2` というのはすべて `rec.dat` の各列の名称と一致させるということに注意してください。

分析するデータは，先ほど作った `rec.dat` となりますので `data=rec.dat` とします。最後に `refcat` には基準とする候補名を記入します。これは算出した選好度を 0 に固定する候補を指定し，すべての選好度を統一の基準で評価することを目的としています。

今回は前項で述べたようにフォーム A,B 両方に記載されている「川下り」を基準としましょう。これによってフォーム A に出てくる候補とフォーム B に出てくる候補はそれぞれ同じ基準で評価されるため，直接比較をしていない候補同士も比較することが可能となります。それでは関数 `BTm()` を実行し，分析をしてみましょう。

```
> (recModel <-BTm(cbind(win1,win2),player1,player2,
+                  data=rec.dat,refcat="川下り"))
Bradley Terry model fit by glm.fit

Call:  BTm(outcome = cbind(win1, win2), player1 = player1,
           player2 = player2, refcat = "川下り", data = rec.dat)

Coefficients  [contrasts:  ..=contr.treatment ]:
..キャン   ..ジェス   ..バーベ   ..ハイキ   ..ビンゴ   ..映画鑑   ..花火   ..肝試し
  0.1659    1.0528    1.2503   -1.0747   -0.2874   -1.6039    1.2419   -0.5192

Degrees of Freedom: 20 Total (i.e. Null);  12 Residual
  (1 observation deleted due to missingness)
Null Deviance:       494.7
Residual Deviance: 7.367         AIC: 121.6
```

上記が分析結果になります。`Coefficients` という部分に候補の略称と数値が出力されています。この数値は冒頭でお話した選好度を示しており，この場合では数値が高いほうが 2 年生に人気であったということになります。ここに記載のない「川下り」は基準となっているため，選好度は 0.0000 となっています。この結果から 2 年生に一番人気である候補は「バーベキュー」だと分かりました。レクリエーショ

ンは「バーベキュー」にすると良さそうですね。また雨天時に関しては「ビンゴ大会」「映画鑑賞」「ジェスチャーゲーム」の選好度からジェスチャーゲームが適切であると言えるでしょう。「ジェスチャーゲーム」と「映画鑑賞」,「ビンゴ大会」と「映画鑑賞」は直接比較していないにもかかわらず共通の基準「川下り」を通して比較することができます。

最後に分析結果をレポート等に記載する際,最低限記載する必要のある事項のチェックリストを示します。

☐ 回答者数　☐ 候補の数・名前　☐ フォームの数・種類　☐ 共通の刺激　☐ 選好度

また今回の分析結果を用いた記載例も併せて示すので,参照してください。

　高校生 222 人を対象にレクリエーションに関するアンケートを実施した。一対比較で回答を収集し,分析には BT モデルを用いた。フォームは A,B の 2 種類使用し,候補数は「川下り」「バーベキュー」「花火」「肝試し」「ビンゴ大会」「キャンプ」「映画鑑賞」「ハイキング」「ジェスチャーゲーム」の 9 つであった。フォーム A では「ジェスチャーゲーム」「ビンゴ大会」「花火」「バーベキュー」「川下り」を一対比較し,フォーム B では「川下り」「キャンプ」「映画鑑賞」「ハイキング」「肝試し」を一対比較した。「川下り」を共通の刺激とし,尺度を識別するための値を 0 に固定した。フォーム A, フォーム B の回答者数はそれぞれ 112 人,110 人であった。分析の結果得られた選好度を表 8.6 に示した。最も好まれていたのは「バーベキュー」であり,選好度は 1.25 であった。しかし 2 位の「花火」の選好度は 1.24 でありほとんど差は見られなかった。他と大きく差をつけて最も好まれなかった候補は「映画鑑賞」であり,その選好度は −1.60 であった。

表 8.6　各候補の選好度

バーベキュー	花火	ジェスチャーゲーム	キャンプ	川下り
1.25	1.24	1.05	0.17	0.00
ビンゴ大会	肝試し	ハイキング	映画鑑賞	
−0.29	−0.52	−1.07	−1.60	

§8.3 コレスポンデンス分析

◎ 8.3.1 手法の目的

第6章では，質的変量の分析方法として，クロス表の分析について学習しました。クロス表の分析は，カテゴリが少ない場合には，残差を丹念に見ることで回答結果間の関連性を把握することが可能です。しかし，カテゴリが多くなると，クロス表を見ただけでは，簡単に関連性を把握することはできません。そこで，類似性によってクロス表を整理し，2次元に可視化する**コレスポンデンス分析**(correspondence analysis)によって，変量・カテゴリ間の関連性を把握しやすくします。

コレスポンデンス分析の考え方

コレスポンデンス分析のイメージをつかむために，以下の例を考えてみます。表8.7は，50人に9個のチロルチョコに関して，それぞれ8個の形容詞の中からあてはまると思うものをすべて回答してもらい，その人数をクロス集計したものです。

表 **8.7** 9個のチロルチョコのイメージに関する調査結果

	男性的	親近感	正統派	かわいい	高級感	個性的	おしゃれ	女性的
商品1	30	40	18	33	29	39	24	29
商品2	12	8	16	11	20	16	36	17
商品3	30	8	29	18	43	11	45	34
商品4	21	8	17	27	30	6	27	30
商品5	35	35	33	9	20	15	14	16
商品6	30	17	27	9	11	10	27	10
商品7	39	35	39	26	20	9	27	23
商品8	30	17	9	18	29	24	36	24
商品9	20	8	9	18	29	38	18	25

商品1:メロンシャーベット，商品2:WINE，商品3:エッグタルト，商品4:キャラメルマシュマロ，
商品5:BIS，商品6:milk，商品7:ミルクヌガー，商品8:桜もち，商品9:みるく大福

各商品とイメージの関係について把握するには，この表を丁寧に見ていけばよいのですが，表8.7からは，どういった商品がどのようなイメージを持たれているのかといった傾向を簡単に把握することはできません。

そこで，このクロス表に対して，コレスポンデンス分析を実行します。コレスポンデンス分析を実行すると，表8.8の α_1, β_1 のような値（第1正準得点）が得られます。α_1 と β_1 は，それらの相関が最大になるように与えられています。表8.8は，表8.7を α_1 に関して昇順，β_1 に関して降順になるよう行と列を並び替えたものです。なお，度数が大きいセルは灰色になっています。この表を見ると，度数が多い

セルが右上から左下に集まっていることがわかります。また，ミルクヌガーと BIS は「親近感」，「正統派」，「男性的」で度数が大きくなっており，イメージが似ている商品であることがわかります。一方，「高級感」と「女性的」は，キャラメルマシュマロとエッグタルトで度数が大きくなっており，「高級感」と「女性的」は回答の傾向が似た形容詞であることがわかります。このように，表 8.8 は回答の似たカテゴリが近くに集まっており，表 8.7 に比べて，商品内，形容詞内の類似性や，商品と形容詞の間の対応関係が見やすくなります。

表 8.8 並び替え後のクロス表

	親近感	正統派	男性的	個性的	かわいい	おしゃれ	女性的	高級感	β_1	β_2
商品 4	8	17	21	6	27	27	30	30	1.750	−0.602
商品 3	8	29	30	11	18	45	34	43	1.660	−1.213
商品 2	8	16	12	16	11	36	17	20	1.457	−0.256
商品 9	8	9	20	38	18	18	25	29	1.206	2.133
商品 8	17	9	30	24	18	36	24	29	1.088	0.575
商品 1	40	18	30	39	33	24	29	29	−0.025	1.526
商品 6	17	27	30	10	9	27	10	11	−0.538	−1.398
商品 7	35	39	39	9	26	27	23	20	−0.572	−1.049
商品 5	35	33	35	15	9	14	16	20	−1.246	−0.711
α_1	−1.535	−0.945	−0.634	−0.290	0.448	1.011	1.104	1.251		
α_2	−0.521	0.345	−1.462	0.813	−0.142	2.346	−0.644	−0.013		

また，コレスポンデンス分析では α と β の組み合わせが，理論上，列項目と行項目のうち少ないほうの数から 1 を引いた数だけ得られます。この組み合わせを **次元** といいます。この例では，商品が 9 個，形容詞が 8 個であるため，$7 = (8-1)$ 次元まで得られます。また，このとき，α_2，β_2 は α_1，β_1 とは無相関であるという条件で相関が最大になる値，α_3，β_3 は α_1，β_1，α_2，β_2 とは無相関であるという条件で相関が最大になる値となります。ただし，一般的には，1 次元と 2 次元に重点を置いて解釈を行います。

コレスポンデンス分析の結果は，正準得点を座標にとり，**バイプロット** を描いて示し，解釈を行うことが一般的です。バイプロットは，図 8.7 のように，商品に関して β_1 の値を横軸，β_2 の値を縦軸にとり，形容詞に関しても同様に，α_1 の値を横軸，α_2 の値を縦軸にとって，商品と形容詞を 1 つの図に表したものです。ただし，実際の分析では，正準得点に各次元毎の寄与率の平方根を掛けて変換した値を用いて図示します。バイプロットでは，回答のされ方の似た商品同士が近くに位置づけられ，そうでない商品同士は遠くに位置づけられます。形容詞についても，同様に

近くに位置づけられた形容詞同士は，回答の傾向が似た形容詞であると解釈できます．図 8.7 を見ると，「女性的」と「高級感」は近くに打点されており，ミルクヌガーと BIS も近くに打点にされていることができます．

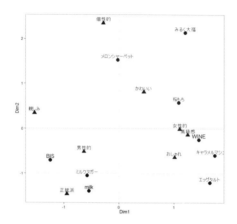

図 8.7 表 8.8 のバイプロット

◎ 8.3.2 分析

それでは，実際にコレスポンデンス分析を行ってみましょう．ここでは，30 個のチロルチョコのイメージに関して，図 8.8 のフォーム[5] に 50 人に回答してもらった形式のデータを用います[6]．図 8.9 に CSV ファイルの一部を示しました．また，本節で使用するスクリプトは以下の通りです．

[5] ここでは，3問目までの画像を載せています．

[6] コレスポンデンス分析の考え方で使用したデータは，このデータの一部のみを示したものです．

表 8.9 8.3 節で使用するコード

```
library(ca)
source("myfunc/myfunc.R")
chirol<- read.csv(file="data/chirol_data.csv")
head(chirol,n=2)
select.key <- c("男性的","親近感", "正統派","かわいい","高級感","個性的",
                "おしゃれ","女性的")
formcross<-form2ca(dat=chirol,select=select.key)
head(formcrossn=3)
formcross_ca<-ca(formcross)
formcross_ca
plot(formcross_ca,pch=c(1,21,17,24))
```

チロルチョコのイメージ調査

以下のチロルチョコのイメージとして当てはまるものを選んでください(複数可)

ココアマシュマロ

- ☐ 男性的
- ☐ 親近感
- ☐ 正統派
- ☐ かわいい
- ☐ 高級感
- ☐ 個性的
- ☐ おしゃれ
- ☐ 女性的

メロンシャーベット

- ☐ 男性的
- ☐ 親近感
- ☐ 正統派
- ☐ かわいい
- ☐ 高級感
- ☐ 個性的
- ☐ おしゃれ
- ☐ 女性的

チョコバナナ

- ☐ 男性的
- ☐ 親近感
- ☐ 正統派
- ☐ かわいい
- ☐ 高級感
- ☐ 個性的
- ☐ おしゃれ
- ☐ 女性的

図 **8.8** 使用したフォーム

	A	B	C
1	ココアマシュマロ	メロンシャーベット	チョコバナナ
2	男性的, 女性的	親近感, かわいい, 高級感, おしゃれ, 女性的	男性的, 親近感
3	正統派, 高級感, 個性的, 女性的	男性的, 親近感, 正統派, かわいい, おしゃれ, 女性的	男性的, 親近感, 個性的, おしゃれ
4	男性的, 高級感	男性的, 親近感, かわいい, 個性的, おしゃれ, 女性的	男性的, 親近感, かわいい
5	男性的, かわいい, 個性的, おしゃれ, 女性的	男性的, 親近感, 個性的, 女性的	男性的, 親近感
6	男性的, かわいい, 高級感, 女性的	親近感, , かわいい, 高級感, 個性的, 女性的	男性的, 親近感, 正統派, 高級感, 個性的
7	男性的, 正統派, 高級感, おしゃれ,	男性的, 親近感, 高級感, おしゃれ,	男性的, 親近感, 正統派, おしゃれ
8	男性的, 正統派, 個性的, おしゃれ, 女性的	高級感, 個性的	男性的, 親近感
9	親近感, 正統派, かわいい, 高級感, 個性的, おしゃれ, 女性的	男性的, 親近感, かわいい, 個性的	男性的, 親近感, 正統派, かわいい, 高級感, 個性的, 女性的
10	男性的, 親近感, かわいい, 高級感, おしゃれ, 女性的	男性的, 親近感, かわいい, 高級感, 個性的, おしゃれ,	男性的, 親近感

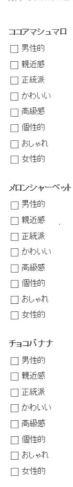

図 **8.9** CSV ファイルの一部

今回は，それぞれのチロルチョコがどのようなイメージを持たれているかを知りたいので，商品×形容詞のクロス表についてコレスポンデンス分析を行ないます。

まず，CSVファイルを読み込み，データの形式を確認します。

```
chirol<-read.csv(file="data/chirol_data.csv")
>head(chirol,n=2)
                ココアマシュマロ                      メロンシャーベット
1  男性的, 女性的                          親近感, かわいい, 高級感, おしゃれ, 女性的
2  正統派, 高級感, 個性的, 女性的          男性的, 親近感, 正統派, かわいい, おしゃれ, 女性的
```

チェックボックス形式で得られたデータは上記のように，1つのセル内に選んだ選択肢が入力された状態になっています。このままでは，コレスポンデンス分析を行うことはできないため，自作関数 form2ca()

```
form2ca(データフレーム,select=列項目ベクトル)
```

を使用して，クロス表を作成します[*7]。ここでは，チロルチョコのイメージを測定する形容詞が列項目になるため，列項目ベクトルを関数 c() で作成し，引数 select に指定します。

[*7] チェックボックス形式で得た項目については，関数 xtabs() ではクロス表は作成できません。

```
>select.key <- c("男性的","親近感", "正統派","かわいい","高級感","個性的",
                 "おしゃれ","女性的")
>formcross<-form2ca(dat=chirol,select=select.key)
>head(formcross,n=3)

                男性的  親近感  正統派  かわいい  高級感  個性的  おしゃれ  女性的
ココアマシュマロ  39      17      27      18        29      18      27        25
メロンシャーベット 30     40      18      33        29      39      24        30
チョコバナナ      39      44      27      12        11      18      13        11
```

分析したいクロス表が作成できましたので，関数 ca()

```
ca(クロス表)
```

を利用して，コレスポンデンス分析を実施します。

```
formcross_ca<-ca(formcross)
formcross_ca
```

上記のコードを実行すると，コレスポンデンス分析の計算結果が出力されます．結果は，`Principal inertias (eigenvalues):`，`Rows:`，`Columns:`の3つの部分から構成されています．`Rows:`の`Dim.1`にβ_1の値，`Dim.2`にβ_2の値が示されています．同様に，`Coulums:`の部分には，α_1とα_2の値が示されています．

```
 Rows:
          ココアマシュマロ メロンシャーベット チョコバナナ      WINE
 Mass          0.034223        0.041410     0.029945   0.023272
 ChiDist       0.182506        0.305419     0.456854   0.469111
 Inertia       0.001140        0.003863     0.006250   0.005121
 Dim. 1        0.385375       -0.025384    -1.957946   1.457303
 Dim. 2       -0.495383        1.525971    -0.080732  -0.255562

 Columns:
              男性的    親しみ    正統派    かわいい    高級感     個性的
 Mass       0.170431  0.138604  0.117728  0.097878  0.125428  0.102156
 ChiDist    0.223317  0.397511  0.414938  0.364378  0.488830  0.330434
 Inertia    0.008499  0.021901  0.020270  0.012995  0.024411  0.014760
 Dim. 1    -0.633890 -1.534874 -0.945074  0.447505 -0.289934  1.010660
 Dim. 2    -0.520658  0.344737 -1.462204  0.812938  2.346377 -0.643527
```

また，以下の`Principal inertias (eigenvalues):`の`Percentage`の部分

```
 Principal inertias (eigenvalues):
                 1         2         3         4         5         6         7
 Value      0.052591  0.036209  0.014941  0.011582  0.006503  0.002569  0.000164
 Percentage  42.22%    29.07%     12%       9.3%     5.22%     2.06%     0.13%
```

に示されているのは，**寄与率**と呼ばれる値です．寄与率は，回帰分析で学習した説明率に似た解釈を行う値です．チロルチョコのデータでは，次元数は7（形容詞＜商品，形容詞数=8）であり，それぞれの寄与率は1次元から順に42.22%, 29.07%, 12.00%, 9.30%, 5.22%, 2.06%, 0.13%となっています．コレスポンデンス分析では，一般的に2次元までの結果を使用して図を描くため，1次元と2次元の寄与率の和をとります．今回は，データ全体の変動の42.22+29.07=71.29%を1次元と2次元で表現することができる，と解釈が可能です．

次に，`Rows:`，`Columns:`の`Dim.1`の値を横軸，`Dim.2`の値を縦軸にとり，バイプロットを描きます．バイプロットは，

```
plot(formcross_ca,pch=c(1,21,17,24))
```

で描くことが可能です。

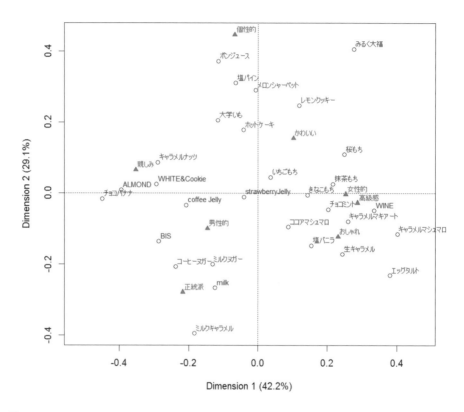

図 8.10　チロルチョコのバイプロット

図 8.10 を見ると，「高級感」と「女性的」，「おしゃれ」が近くに打点されています。したがって，高級感があると評価されるチロルチョコは，女性的である，おしゃれと評価されやすい商品であることがわかります。また，形容詞の近くに打点されている商品は，それぞれその形容詞のイメージが強い商品であると解釈できます。したがって，チョコバナナ，ALMOND，キャラメルナッツ，WHITE&Cookie は親しみやすい商品，BIS，coffeeJelly は男性的，コーヒーヌガー，ミルクヌガー，milk，ミルクキャラメルは正統派，ポンジュース，塩パイン，メロンシャーベット，大学

いも，レモンクッキーは個性的であるというイメージを持たれているといった解釈ができます。

さらに，コレスポンデンス分析では，次元の解釈を行います。図8.10では，右側に高級感，左側に親近感が打点されています。したがって，第1次元は「身近さ」と解釈できます。同様に，上側には個性的，下側には正統派は打点されているため，第2次元は「特異性」と解釈できます。

レポート作成例

レポートを書く際に，以下の報告事項のチェックリストを利用してください。

☐ クロス表　☐ 正準得点[a]　☐ 寄与率　☐ バイプロット　☐ 次元の解釈

---
[a]回答者が列項目や行項目に配されるクロス表の場合には，数が多いため正準得点は記載しなくても構いません。

最後に今回の分析結果の一部から，記述例を紹介します。

　30商品に対して、8個の形容詞について、当該商品のイメージに当てはまると思うかどうかを評定してもらった。評定者は高校生50名であった。商品について、それぞれの形容詞があてはまると回答した人数（度数）を、クロス表（表8.7）[a]に示した。

　クロス表に対してコレスポンデンス分析を行った。寄与率は，1次元から順に，42.22%, 29.07%, 12.00%, 9.30%, 5.22%, 2.06%, 0.13%であった[b]。寄与率より2次元でデータの71.29%が説明される。分析結果に基づいて、バイプロットを [図8.10] に作成した。

　第1次元は「身近さ」、第2次元は「特異性」と解釈できる。「正統派」の近くには発売当初からある商品が布置された。「高級感」「おしゃれ」「女性的」はともに近くに布置され、商品イメージが共通していることがわかった[c]。

---
[a]実際のレポートでは商品と形容詞はクロス表形式で提供するとよいでしょう。
[b]寄与率は表で示しても構いません。
[c]実際のレポートでは、さらにそれぞれの形容詞や商品をとりあげて解釈をすすめていきましょう。

§8.4 コンジョイント分析

8.4.1 手法の目的

　欲しいものを選ぶとき，何を決め手としているかは，実は選ぶ本人でさえ気づいていないことが多いのかもしれません．途中までは自分のニーズを意識して選んでいたのに，最終的に購入したものはこれに反するものであったいうことを経験したことがある人も少なくないでしょう．**コンジョイント分析** (conjoint analysis) はそのような選び手の潜在的なニーズを明確に探り出す手法として，さまざまな分野で幅広く利用されています．

　商品やサービスを選ぶ際，私たちは知らず知らずのうちにそれらが持つ特徴を手がかりにしています．たとえば，1人暮らしの部屋さがしでいうと，「建物の構造」，「間取り」，「家賃」などです．そして，これらの要素を比較して，最終的な部屋を決定しています．コンジョイント分析ではこれらの要素を**属性**と呼びます．

　属性は**水準**と呼ばれる具体的なバリエーションを含んでいます．「建物の構造」という属性であれば「鉄筋コンクリート造」，「鉄骨造」，「木造」などです．各属性の水準を組み合わせることで仮想的な商品やサービスが構成され，これを**コンセプト**と呼びます．

　コンジョイント分析では複数のコンセプトをアンケート対象者に提示し，その選好順位を決めてもらうか，もしくはそれぞれのコンセプトの好ましさを点数で評価してもらいます．属性や水準が多くなると，すべての組み合わせを考えたコンセプトは膨大な数となります．たとえば，水準数2の属性が4つと水準数3の属性が1つある場合，コンセプトの数は $2^4 \times 3 = 48$ 通りです．48通りのコンセプトに対して，1番目から48番目まですべてに順位付けを行うようアンケート対象者に求めるのは現実的ではありません．そこでコンジョイント分析では，属性の水準ごとの比較が偏りなく行える範囲でアンケート対象者に提示するコンセプトの数を減らし[*8]，その中で順位付けや評価を行ってもらいます．

　コンジョイント分析を用いることで，選ぶ際にどの属性が重要視されているかを明らかにすることができます．これには**重要度**と呼ばれる指標が用いられます．また，実際に好みのコンセプトをシミュレートし，これがどれぐらい好ましいかも**効用値**という指標で評価できます．

[*8] コンセプトの数を減らしても属性の水準間の比較が偏りなく行えるようにするために，直交計画と呼ばれる手法が用いられます．

◎ 8.4.2 調査票の作成

　ある大学の心理学のゼミでは卒業旅行として，温泉旅行が企画されました．しかし，ゼミ生20名が思い思いのプランを主張するので，全体の意見がまとまりません．そこで，コンジョイント分析を用いて，学生が重要視する要素を明らかにし，最終的なコンセプトを決定することにしました．選ばれた属性と水準を表8.10に示します．

表 8.10　温泉旅行プランにおいて選ばれた属性と水準

属性	水準
場所	草津/箱根/鬼怒川
宿泊施設	ホテル/旅館
晩御飯	宿で懐石料理/外で名物を堪能
移動	電車/貸切バス
予算	5万円/4万円

　これまでのアンケート調査とコンジョイント分析によるアンケート調査には大きな違いがあります．これまでのアンケート調査ではフォームでデータを集めて，その後Rで分析をしてきました．しかし，コンジョイント分析では，まずRによって提示するコンセプトを決定します．それをもとにフォームを作成し，データを集めます．そして，最後に再びRで分析します．

　表8.10の属性と水準を用いて，学生に選好の度合いを評価してもらうコンセプトをRで作成します．ここでのRのスクリプトは高度なものであるので，細かいスクリプトの説明は省き，どのスクリプトを実行すれば，何が出力されるかに注目して解説していきます．あまり深く考えず，"おまじない"として実行してください．本節で使用するRのスクリプトを以下に示します．

　ここでは，アンケート対象者に提示するコンセプトを作成します．まず，コンジョイント分析用のパッケージ`DoE.base`を読み込みます．

```
library(DoE.base)
```

　48通りの組みあわせの中から選ばれるコンセプトにはさまざまなパタンがあるため，実行するたび同じコンセプトが得られるよう関数`set.seed()`を用います．引数である括弧の中の数字を固定することで，プログラム中で発生される乱数の列が

表 8.11　8.4 節で使用するコード

```
source("myfunc/myfunc.R")
library(DoE.base)
set.seed(12)
tour<-oa.design(factor.names=list( 場所=c("草津", "箱根", "鬼怒川"),
   宿泊施設=c("ホテル", "旅館"),      晩御飯=c("宿で懐石", "外で名物"),
   移動=c("電車",   "バス"),          予算=c("5万円", "4万円")))
concept<-format.data.frame(tour)
(属性数<-ncol(concept))
for (i in 1:属性数){concept[,i]<-as.factor(concept[,i])}
concept
ryokou<-read.csv(file="ryokou.csv")
(回答者数<-nrow(ryokou))
計画スタック<-concept
for (i in (2:回答者数)) {   計画スタック<-rbind(計画スタック, concept)   }
基準スタック<-matrix(t(ryokou),,1,byrow=T)
head(基準スタック, 24)
head(ryokou, 3)
ryokou.ana <- qt1(計画スタック, 基準スタック)
round(ryokou.ana$coefficients,3)
plot(ryokou.ana)
round(ryokou.ana$partial,3)
round(cor(ryokou.ana$prediction[,"観察値"],
   ryokou.ana$prediction[,"予測値"]),3)
conjyo.sim(ryokou.ana$coefficients)
```

固定されます．これによって常に同じ出力を得ることができます．

```
set.seed(12)
```

以下で属性と水準を読み込み，コンセプトを作成します．

```
tour<-oa.design( factor.names=list( 場所=c("草津", "箱根", "鬼怒川"),
    宿泊施設=c("ホテル", "旅館"),     晩御飯=c("宿で懐石", "外で名物"),
    移動=c("電車",   "バス"),         予算=c("5万円", "4万円") ) )
```

関数 format.data.frame() を用いて，結果オブジェクトからコンセプトのみ取り出します．

```
concept<-format.data.frame(tour)
```

さらに，データフレームの列数を返してくれる関数 `ncol()` を用いて，属性数をオブジェクトとして用意します．出力は以下のようになります．

```
> (属性数<-ncol(concept))
[1] 5
```

また，分析の準備として，以下のスクリプトを実行しておきます．

```
for (i in 1:属性数){concept[,i]<-as.factor(concept[,i])}
```

出力されるコンセプトは以下の通りです．

```
>concept
     場所  宿泊施設  晩御飯   移動  予算
1   草津    ホテル  宿で懐石  電車  5万円
2   草津     旅館  宿で懐石  バス  5万円
3   箱根     旅館  外で名物  電車  4万円
4  鬼怒川   ホテル  宿で懐石  バス  4万円
5   箱根    ホテル  宿で懐石  バス  4万円
6   草津     旅館  外で名物  バス  4万円
7  鬼怒川    旅館  宿で懐石  電車  4万円
8  鬼怒川   ホテル  外で名物  電車  5万円
9   箱根     旅館  宿で懐石  電車  5万円
10  草津    ホテル  外で名物  電車  4万円
11 鬼怒川    旅館  外で名物  バス  5万円
12  箱根    ホテル  外で名物  バス  5万円
```

◎ 8.4.3 フォームによるデータの収集

以上 12 種類のコンセプトを 5 件法で評価してもらう調査票をフォームで作成したものが図 8.11 になります．このフォームについて，ゼミ生 20 人に回答してもらい，集計したデータを CSV 形式に成型したものが図 8.12 です．

◎ 8.4.4 分析

集まったデータを再び R で分析します．まずは，関数 `read.csv()` を用いて，図 8.12 のデータを読み込みます．

卒業旅行のためのアンケート

このたび，卒業旅行として，2泊3日の温泉旅行を企画しました。
旅行の条件としては以下のようなものを考えています。
・場所【草津/ 箱根/ 鬼怒川】
・宿泊施設【ホテル/ ベッド】
・晩御飯【宿で懐石料理/ 外で名物を堪能】
・移動【電車/ 貸切バス】
・予算【4万円/ 5万円】
どのような旅行がみなさんのご期待に添えるのか調べたいと思います。
以下の1〜12のコンセプトについて5段階の評価を行ってください。

コンセプト1:　草津 | ホテル | 宿で懐石 | 電車 | 5万円

1　2　3　4　5

全く行きたくない　○　○　○　○　○　ぜひ行きたい

コンセプト2:　草津 | 旅館 | 宿で懐石 | バス | 5万円

1　2　3　4　5

全く行きたくない　○　○　○　○　○　ぜひ行きたい

コンセプト3:　箱根 | 旅館 | 外で名物 | 電車 | 4万円

1　2　3　4　5

全く行きたくない　○　○　○　○　○　ぜひ行きたい

図 8.11　コンセプトを並べたフォーム（一部）

1	V1	V2	V3	V4	V5	V6	V7	V8	V9	V10	V11	V12
2	3	2	2	4	4	3	2	3	2	3	3	4
3	4	3	2	3	2	2	2	3	2	4	2	4
4	3	3	2	3	4	3	2	4	1	4	3	4
5	3	2	2	3	4	3	2	4	2	4	2	3
6	3	3	2	3	3	3	2	3	2	5	3	4
7	3	4	2	3	4	4	3	4	2	4	3	4
8	3	3	1	3	4	3	2	3	2	5	3	4
9	3	3	1	3	4	3	2	2	2	4	2	4
10	3	4	2	3	4	3	2	3	2	3	3	4
11	3	3	3	3	3	3	2	3	3	4	3	4
12	3	3	3	3	4	3	1	3	1	4	3	4
13	3	3	2	4	4	2	2	3	2	5	3	4
14	3	2	2	3	4	3	2	3	2	4	3	4
15	4	3	2	3	3	3	2	3	2	4	3	3
16	2	3	3	3	4	3	2	3	2	4	4	4
17	2	3	2	3	5	2	2	3	2	5	2	5
18	3	3	1	3	4	3	1	3	2	4	4	4
19	3	3	2	3	5	3	2	2	2	5	3	3
20	3	4	2	3	3	4	2	3	1	4	3	4
21	3	3	2	3	4	3	3	3	2	3	3	4

図 8.12　スプレッドシートデータを R 分析用に成型した CSV ファイル

§8.4 コンジョイント分析

```
ryokou<-read.csv(file="ryokou.csv")
```

データフレームの行数を返してくれる関数 nrow() を用いて回答者数をオブジェクトとして用意します。出力は以下のようになります。

```
> (回答者数<-nrow(ryokou))
[1] 20
```

以下で concept (コンセプト数 × 属性数) を回答者の数だけ縦につなげたものを計画スタックとして用意します。

```
計画スタック<-concept
for (i in (2:回答者数)){計画スタック<-rbind(計画スタック, concept)}
```

また，以下で回答データを回答者ごとに縦に並べたものを基準スタックとして用意します。

```
基準スタック<-matrix(t(ryokou),,1,byrow=T)
```

基準スタックのはじめ 24 個の要素を出力します[*9]。

```
> head(基準スタック, 24)
3 2 2 4 4 3 2 3 2 3 3 4 4 3 2 3 2 2 2 3 2 4 2 4
```

[*9]紙面の都合上，ここでは横に並べた出力を示します。

これとデータの最初の 3 行を比較すると

```
> head(ryokou, 3)
  V1 V2 V3 V4 V5 V6 V7 V8 V9 V10 V11 V12
1  3  2  2  4  4  3  2  3  2   3   3   4
2  4  3  2  3  2  2  2  3  2   4   2   4
3  3  3  2  3  4  3  2  4  1   4   3   4
```

1 人目の回答者のデータと 2 人目の回答者のデータが順番に基準スタックの要素であることから，回答データを回答者ごとに縦に並べたものが基準スタックであることが確認できます。

それでは関数 qt1() を用いて，コンジョイント分析を行います（この関数は青木繁伸先生のウェブサイト (http://aoki2.si.gunma-u.ac.jp/R/src/all.R) から引用したものです）。

```
ryokou.ana <- qt1(計画スタック, 基準スタック)
```

引数には先ほど作成した計画スタックと基準スタックを指定します。そして，結果が入ったオブジェクトから，必要な要素だけを取り出します。まずは**カテゴリスコア**です。

```
> round(ryokou.ana$coefficients,3)
                カテゴリスコア
場所.鬼怒川        -0.212      晩御飯.宿で懐石   -0.175
場所.草津           0.288      移動.バス          0.300
場所.箱根          -0.075      移動.電車         -0.300
宿泊施設.ホテル    0.517      予算.5万円        -0.017
宿泊施設.旅館     -0.517      予算.4万円         0.017
晩御飯.外で名物    0.175      定数項             2.975
```

カテゴリスコアは水準の好ましさを示す指標です。たとえば，属性「場所」に注目すると，カテゴリスコアが 0.288 で最も高い「草津」が好まれていることがわかります。また，属性「晩御飯」では「外で名物 ($= 0.175$)」のほうが「宿で懐石 ($= -0.175$)」より支持されていることが示唆されます。

属性におけるカテゴリスコアの最大値と最小値の幅をみることで，属性間での重要度を比較することもできます。ここでは，属性「宿泊施設」の幅が $0.517 - (-0.517) = 1.034$ と最も大きいことから，学生が最も重要視する属性は「宿泊施設」であるといえます。

関数 plot() を用いて，図から視覚的に水準の好ましさをとらえることも可能です。図 8.13 にカテゴリスコアの重み図を示します。

```
plot(ryokou.ana)
```

偏相関係数もまた，属性の重要度を表す指標です。カテゴリスコアのように四則演算をする必要がないのでより分かりやすい指標であるといえます。以下で結果から偏相関係数を取り出し，小数点以下第 3 位で次のような出力を得ます。

出力から，「宿泊施設 ($= 0.676$)」，「移動 ($= 0.470$)」，「場所 ($= 0.351$)」の順に重要度が高いといえます。「予算 ($= 0.030$)」よりこれらの属性が重要視されていることは，やや意外な結果かもしれません。

結果オブジェクトに含まれている実際に観察された値と，カテゴリスコアや偏相

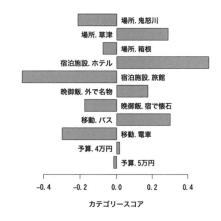

```
> round(ryokou.ana$partial,3)
         偏相関係数    t 値  P 値
場所         0.351   5.730 0.000
宿泊施設     0.676  14.036 0.000
晩御飯       0.297   4.754 0.000
移動         0.470   8.150 0.000
予算         0.030   0.453 0.651
```

図 **8.13** カテゴリスコアの重み図

関係数から予測される値の相関係数を求めることで予測の精度を調べることも可能です。

```
> round(cor(ryokou.ana$prediction[,"観察値"],
    ryokou.ana$prediction[,"予測値"]),3)
[1] 0.760
```

関数 cor() は第 6 章でも出てきた，相関係数を算出する関数です。ここから，この分析での予測の精度は 76%[10] であることがわかります。

最後に，好みの水準の組み合わせで構成されたコンセプトの好ましさをシミュレーションする方法を紹介します。自作関数 conjyo.sim() を用いて，引数にカテゴリスコアを指定し，実行します。

```
conjyo.sim(ryokou.ana$coefficients)
```

すると，R 上に図 8.14 のようなウィンドウが表れます。このウインドウから好みの水準の組み合わせをキーボードの Ctrl キーを押しながら 1 つずつクリックします。このとき「定数項」も選ぶ必要があります。ここでは，図 8.15 のように，それぞれの属性でカテゴリスコアが最も高かった水準の組み合わせを選びます。そして，以下の出力を得ます。

[10] 予測の精度が 20%前後であっても，実際の分析場面ではこれが良い結果だと解釈されることは多々ありますので，悲観的になることはありません。

図 8.14　シミュレーションウインドウ
　　　　（クリック前）

図 8.15　シミュレーションウインドウ
　　　　（クリック後）

```
> conjyo.sim(ryokou.ana$coefficients)
    場所.草津  宿泊施設.ホテル  晩御飯.外で名物    移動.バス
  0.28750000      0.51666667     0.17500000   0.30000000
   予算.4万円        定数項
  0.01666667      2.97500000
[1] "効用値"
[1] 4.270833
```

出力にはそれぞれの水準のカテゴリスコアと「定数項」、またこれらを足し上げた**効用値**が示されます。効用値はコンセプトの好ましさとして解釈されます。ここでは約 4.27 が学生の選ぶ最も好ましい旅行プランの効用値です。

ここで、「予算：4 万円」を実現することが不可能であったとして、「予算：5 万円」に変更したコンセプトの効用値を算出します。効用値は約 4.24 となり、好ましさはあまり低下しないことが示唆されます。これは、属性「予算」の重要度が著しく低いためです。このように、最も好ましいコンセプトが何らかの理由で実現不可能であるときは、代替案を幾つか用意して、シミュレーションの効用値を比較することで最終的なコンセプトを決定することができます。

◎　**8.4.5　レポートを書く際に注意すること**

レポートに書く際に、最低限書いておかなければならない内容は以下です。レポートを書く際、必要内容のチェックリストとして利用してください。

> □ 回答者数　□ 属性と水準　□ カテゴリスコア　□ 偏相関係数
> □ 予測の精度　□ 最終的に選んだコンセプトとその効用値

最後に今回の分析の結果の一部から，記述例を紹介します。

> 　大学生 20 人に「卒業旅行で行きたい温泉旅行プラン」に関するアンケート調査を行った。属性には「場所」,「宿泊施設」,「晩御飯」,「移動」,「予算」の 5 つを選び，水準はそれぞれ「草津/箱根/鬼怒川」,「ホテル/旅館」,「宿で懐石料理/外で名物を堪能」,「電車/貸切バス」,「5 万円/4 万円」とし，コンジョイント分析を行った。属性「場所」で最も好ましさが高かった水準は「草津」でカテゴリスコアは 0.288 であった。重要度が最も高かった属性は「宿泊施設」で偏相関係数は 0.676 であった。分析の予測の精度は 76% であった。最終的に選んだコンセプトは「草津/ホテル/外で名物を堪能/貸切バス/5 万円」で効用値は約 4.24 であった。

索 引

A
Aggregated Response 法 96

G
Google フォーム 2

R
R の起動 103
R の終了 108

S
SD 法 169

あ
アイテムカウント法 94
曖昧な表現 77
アンケート協力依頼 60

い
イエス・テンデンシー（是認傾向） 82
威光効果 82
一対比較法 (paired comparison method) 179
一致度 98
因果関係 142
因子 164
因子間相関 167
因子数の決定 165
因子スコア 168
因子の命名 167
因子負荷 164
因子負荷行列 166
因子分析 163
インパーソナルな質問 83
インフォームド・コンセント 67

う
嘘の回答 89

え
円グラフ 45

お
折れ線グラフ 46

か
回帰係数 154
回帰直線 154
回帰分析 154
回帰モデル 153
階級 116
階級値 116
階級の幅 116
回答選択肢 88
回答選択肢の提示順序 59
回答バイアス 87
回答負荷の軽減 58
過去の記憶 86
加重平均 91
仮説検証型アンケート 54
仮説導出型アンケート 53
画像の挿入 27
仮定の質問 86
カテゴリカル変数 115
カテゴリスコア 202
簡潔な表現 78
関数 107
間接質問法 89

き
疑似相関 142, 157
記述的調査 53
逆転項目 56, 160
キャリーオーバー効果 59, 84
共通性 166
共分散 132
極端反応バイアス 87
距離行列 173
寄与率 167

く
クラメールの連関係数 146
グリッド 6, 16, 24
クロス集計表 144
クロス表 144

こ
構成概念 158
効用値 196, 204
誤差 164
コレスポンデンス分析 (correspondence analysis) 188
コンジョイント分析 (conjoint analysis) 196
コンセプト 196

さ
最小二乗法 153
最頻値（モード） 121
削除の原則 70
残差分析 147
散布図 128

し

時間	16, 26
事実と評価の区別	85
質的変量	109
質問項目の適切性	66
四分位範囲	123
四分位偏差	123
社会的望ましさバイアス	87
自由記述式項目	52, 66
重要度	196

す

水準	196
スクリーニング項目	59
スクリープロット	165
スケール	16, 23
図的要約	45
ステレオタイプ(化された表現)	86
ストレス	175
ストレス値	176

せ

正の相関	129
セクションヘッダーの挿入	31
説明的調査	54
説明変数	154
説明率(決定係数)	156
切片	154
セル	144
選好度	179

そ

相関が強い	131
相関がない	130
相関が弱い	131
相関係数	136
属性	196
属性項目	57, 58

た

第1四分位数	123
第2四分位数	123
第3四分位数	123
第4四分位数	123
第3の変量	142
対比効果	59
代表値	118
多次元尺度法 (MDS, multi-dimensional scaling)	174
多値データ	115
タテマエの回答	89
ダブルバーレル項目	80
多変量散布図	138
多変量データ	109
ダミー変数	115
短答式	52
段落テキスト	16, 18

ち

チェックボックス	16, 21
中央値(メジアン)	120
中間回答バイアス	87
調査仮説	50
調査仮説の生成	51
調査結果考察タイプ	71
調査結果提示タイプ	71
調査テーマ	50
調査票題目	57
調査レポート	70
調整済み標準化残差	148

て

丁寧で親しみやすい表現	78
テキスト	16
データの値	109
データフレーム	112
デモグラフィック項目	57

と

同意確認	58
同意書	69
同化効果	59
動画の挿入	30
独立である	146
度数	116
度数分布表	116
トップダウン方式	53

に

二重リスト法	95
2値データ	183

の

ノーテンデンシー	82

は

パイグラフ	45
バイプロット	189
箱ひげ図	161
外れ値	140
外れ値の影響	140
パーソナルな質問	83
ハロー効果	82
範囲	123

ひ

日付	16, 26
否定語の多用	79
標準化	133, 134
標本	125
比率	90

ふ

フェイス項目	57
フォローアップ・コンタクト	63
負の相関	130
プライバシー	69
プリコード式項目	52, 67
分割表	144
分散	125

へ

平易な表現	76
平均値	91
並行箱ひげ図	162
偏相関係数	202
変量	109

ほ

棒グラフ	46
ボトムアップ方式	53

む

無記名の原則	69

め

明確な表現	77

も

目的変数	154

ゆ

誘導的質問	81

よ

予測値	154
予備調査	66

ら

ラジオボタン	6, 16, 20
ランダム回答法	92

り

リッカート・スケール	158
リストから選択	16, 23
リマインダー（再喚起）	63
リマインダー文面	63
リマインド	63
リマインド時期	63
両極選択バイアス	87
量的変量	109

る

累積寄与率	167

れ

レポート作成例	195
レポートでの文章例	168
連関がある	146

ろ

ろ過項目	59, 85

関数索引

A
adres()	148

B
boxplot()	161
BTm()	185

C
c()	114
ca()	192
cbind()	186
colMeans()	119
colnames()	114
colSums()	184
conjyo.sim()	203
cor()	138
cramer.big()	147

D
data.frame()	185
dist()	175

F
form2ca()	192
format.data.frame()	199
freq()	117

H
head()	112
hist()	118

I
install.packages()	107
isoMDS()	175

L
library()	107
lm()	154

M
max()	117
mean()	118
median()	120
min()	117
myfa()	166
myiqr()	124
myscree()	165

N
ncol()	199
ncov()	132
nrow()	201
nscale()	135
nscale.big()	135
nsd()	126
nvar()	125

O
oa.design()	198

P
pairs()	139
plot()	129, 194
Posi.arrow()	177
prop.table()	115

Q
qt1()	202
quan()	124

R
read.csv()	112
rev()	122
round()	136

S
seq()	117
set.seed()	198
sort()	122
source()	108
subset()	119

T
table()	115

W
write.csv()	114

X
xtabs()	145

■編著者紹介

豊田秀樹(とよだひでき)

1961 年　東京都に生まれる。
1989 年　東京大学大学院教育学研究科（教育学博士）。
　　　　日本行動計量学会優秀賞（1995 年），日本心理学会優秀論文賞（2002 年，2005 年）受賞。
　　　　イリノイ大学心理学部客員研究員などを経て，
現　在　早稲田大学文学学術院教授。専門は心理統計学，マーケティングサイエンス。
　　　　研究の合間の映画鑑賞が無上の楽しみ。

主な著書：『共分散構造分析［入門編］―構造方程式モデリング―』
　　　　　『共分散構造分析［応用編］―構造方程式モデリング―』
　　　　　『共分散構造分析［技術編］―構造方程式モデリング―』（編著）
　　　　　『共分散構造分析［疑問編］―構造方程式モデリング―』（編著）
　　　　　『共分散構造分析［理論編］―構造方程式モデリング―』
　　　　　（以上，朝倉書店）
　　　　　『共分散構造分析［事例編］―構造方程式モデリング―』（編著，北大路書房）
　　　　　『SAS による共分散構造分析』（東京大学出版会）
　　　　　『原因を探る統計学―共分散構造分析入門―』（共著，講談社ブルーバックス）
　　　　　『共分散構造分析［Amos 編］―構造方程式モデリング―』
　　　　　『共分散構造分析［R 編］―構造方程式モデリング―』
　　　　　『購買心理を読み解く統計学――実例で見る心理・調査データ解析 28』
　　　　　『データマイニング入門―R で学ぶ最新データ解析―』
　　　　　『検定力分析入門―R で学ぶ最新データ解析―』
　　　　　『回帰分析入門―R で学ぶ最新データ解析―』
　　　　　『因子分析入門―R で学ぶ最新データ解析―』
　　　　　（以上，編著，東京図書）　　　　　　　　　　　　　　　　他，多数

●カバーデザイン＝高橋　敦 (LONGSCALE)
●カバーイラスト＝©わたせせいぞう／APPLE FARM Inc.

紙(かみ)を使(つか)わないアンケート調査(ちょうさ)入門(にゅうもん)
―卒業論文(そつぎょうろんぶん)，高校生(こうこうせい)にも使(つか)える―

2015 年 5 月 25 日　第 1 刷発行　　©Toyoda Hideki 2015
2021 年 5 月 10 日　第 5 刷発行　　Printed in Japan

編著者　豊田秀樹
発行所　東京図書株式会社
〒102-0072 東京都千代田区飯田橋 3-11-19
振替 00140-4-13803 電話 03(3288)9461
http://www.tokyo-tosho.co.jp

ISBN 978-4-489-02210-4